RICE BAKING

· TECHNICAL BOOK ·

米烘焙
技法全书

徐秀瑜 著

中国轻工业出版社

图书在版编目（CIP）数据

米烘焙技法全书 / 徐秀瑜著. —北京：中国轻工业
出版社，2020.11
　　ISBN 978-7-5184-3145-8

　　Ⅰ.①米… Ⅱ.①徐… Ⅲ.①大米—烘焙—糕点加
工 Ⅳ.①TS213.2

中国版本图书馆CIP数据核字（2020）第153146号

责任编辑：方晓艳　　　　责任终审：白　洁　　整体设计：锋尚设计
策划编辑：史祖福　方晓艳　责任校对：晋　洁　　责任监印：张　可

出版发行：中国轻工业出版社（北京东长安街6号，邮编：100740）
印　　刷：北京富诚彩色印刷有限公司
经　　销：各地新华书店
版　　次：2020年11月第1版第1次印刷
开　　本：889×1194　1/16　印张：12.25
字　　数：270千字
书　　号：ISBN 978-7-5184-3145-8　定价：98.00元
邮购电话：010-65241695
发行电话：010-85119835　传真：85113293
网　　址：http://www.chlip.com.cn
Email：club@chlip.com.cn
如发现图书残缺请与我社邮购联系调换
200709S1X101ZYW

推荐序 I

大家好，我是 cakendeco 教室及 ICDA 协会会长朴京兰，我们教室长久以来致力于研发各种糕点配方并授课，拥有豆沙蕾丝专利、巧克力裱花最早研发者的成果，开设奶油土裱花配方研发、蜡烛裱花研发、鲜奶油裱花研发、豆沙裱花等课程。

光看到这本书的书名就已经让人觉得美味，仿佛从远处开始传来香甜的气息。用米做的点心，不只是大人连小孩们也可以安心享用，因为用米制作的点心，有利于肠道消化，而且兼具美味。

秀瑜的蛋糕就像是微笑，吃了会让人感到幸福并会心一笑。照着食谱制作蛋糕，我已经想象到孩子们边吃边微笑的模样。只是想象也觉得幸福。

与秀瑜的第一次见面是在一年前我的巧克力裱花课堂上，拥有明亮微笑的她，在学习上非常积极，不止在西点烘焙、面包，甚至在蜡烛裱花等各种工艺课程都有涉猎，特别是在米烘焙方面，天分和成就更是无人可及。

除了学习积极，她在教导学生方面也是既热情又认真地为学生一一解惑，能在学习时，为求知若渴的学生亲切地解答，所以这也成为我期待这本食谱书的理由，米烘焙（蛋糕、塔、饼干等），平时可以在家简单操作的配方，这本书几乎都包含在内。

对于初学者来说，这本书可以当作收藏的参考书，对于专业人士来说，又可以当作新知识补充，这是本可以永久珍藏的好书！无论是第一次接触米蛋糕的初学者，还是烘焙老手，这本书都值得收藏。

ICDA 国际蛋糕装饰协会会长

推荐序 II

最近这几年，随着韩剧的流行，台湾地区吹起韩国风，许多韩国美食在台湾也大行其道，例如：韩国米蛋糕及琳琅满目的韩式甜点，种类众多让人目不暇接，使得台湾的甜点市场刮起一股韩式新风潮。

个性温柔婉约的秀瑜老师，不仅韩文说得非常流利，还经常往来韩国与台湾地区之间，勤奋学习各式各样的韩国甜点。手艺精湛的她，也获得很多张韩国教育单位颁发的教师证，是一位非常优秀的韩式甜点老师。所以得知秀瑜老师要出书，身为好朋友的我非常开心，秀瑜老师有乐于助人的性格，能将所学及心得和创意跟大家分享，这是广大读者的福音！

这本书里，用米为主原料，从米的类别以及如何挑选谈起，再设计出米戚风蛋糕、米海绵蛋糕、米磅蛋糕、米蛋糕卷、米点心、米咸塔、米饼干、米面包和米乳酪蛋糕，全部都加入了韩国流行的甜点元素，每一款都能让读者轻松上手，快乐学习做韩国甜点。

在书中的 50 道甜点里，特别是巧克力无花果磅蛋糕、焦糖蛋糕卷、莓果塔、红酒桂圆面包以及南瓜乳酪蛋糕，这几道别具特色，浓浓的韩国风情，不甜不腻又少油的健康配方，符合 DIY 族群的喜好，是一本很棒的食谱书。

现在，就让我们跟着作者，一起进入色彩缤纷的韩式甜点世界，一起来学习制作美味的韩式米甜点吧！

知名烘焙教师及作者

推荐序 III

"甜点"是许多人舒散压力的圣品，但对麸质过敏的朋友而言却是梦魇，无福消受。

几年前我在韩国初次接触米蛋糕时，直觉它就是台湾夜市里卖的状元糕呀！而且蛋糕最佳享味期只有一天，这反而让我吃得很有压力。

秀瑜投入烘焙工作很多年了，最近几年更因为她会讲韩语而开始她的斜杠翻译人生，经常与朋友往返韩国学习。去年再次遇到秀瑜时，她提及现在的米蛋糕已改良许多，不论是口感、口味都已非常美味，更重要的是她不断地用台湾当地食材实验试做，解决了买不到韩国食材的困扰。

太棒了！现在不用再担心麸质过敏的问题，让我们尽情享用这美味的甜点吧！

糖艺术工房艺术总监

吴蕙贻

推荐序 Ⅳ

与秀瑜老师的缘分来自于数年前，当时我们是一起学习蛋糕装饰的同学；学习完成后，我们一直在同业及烘焙界保持着亦师亦友的关系，彼此交流知识及切磋技术。

两年前，因秀瑜老师良好的韩语能力及对韩国文化的了解，开启了我跟着她一起赴韩国进修的契机；从法式点心、工艺蜡烛到米甜点等，秀瑜老师带领我及许多有共同兴趣的朋友们一起在广泛的领域中获益匪浅。

秀瑜老师一直是一个非常执着、谨慎及自我要求严格的人，尤其在烘焙的材料及配方上，不单纯是从在韩国的学习中成长，自己也不断地钻研及试做出不同的品种。

在米甜点的领域里，秀瑜老师除了协助一起上课的学员学习并取得韩国米蛋糕协会的证书，她自己更是努力不懈地在该领域深耕，除了完成体制内的证书课程，也经历了从学习到教学、从教学到研发的过程；这其中的辛苦其实只有同为在烘焙业销售产品及从事教学工作的人能够深刻体会。

这本书的出版，集结了作者长久的学习及失败多次才取得的成果，相信无论是对于新手还是老手；无论是对麸质过敏还是单纯想学习不同成分甜点的人而言，都是一本最好的工具书。

创意烘焙产品销售及教学工作者

作者序

　　虽然我本人非烘焙专业出身，但是出于对烘焙的热爱，坚持学习烘焙到现在，从一开始面包做完硬得像石头，做蛋糕有时候看不出是蛋糕，朋友吃到怕，到现在朋友们都对我做的甜点爱不释手，只要有成品就会被秒杀分完。我在学习的路上得到很多老师们的耐心教导以及很多姐姐们的帮助，真的非常感谢。因缘际会我开始学习韩文，进而利用所长到韩国进修烘焙课程，还记得第一次到韩国接触到米制作的蛋糕，真的是满满的惊讶，口感和面粉制作的无异，甚至更好消化，于是就开启了我学习及研发米蛋糕的旅程。

　　韩国社会一直以来有着所谓的"宴会文化"，在小孩周岁宴或长辈的寿宴，一定要出现的就是米蛋糕，又称年糕；除此之外，只要家有喜事，韩国人就会赠送年糕给亲朋好友，类似台湾习俗中入迁新居要请吃汤圆一样。

　　随着时代演变，现代人不仅要求食物外在美观，也要求内在美味，又想要遵循旧有的文化，所以渐渐有了各式各样的米蛋糕产品出现，加上现在对麸质过敏的人越来越多，所以米蛋糕文化日益盛行。

　　台湾地区也是以米食为主，且大米品质在世界首屈一指，书中有相当多的米制糕点，都是我将在韩国所学的多样米甜点运用台湾米来制作，并创新各种不同的米甜点，虽然因为米种不同有些微差异，但美味不减，还更健康。

　　这本书的诞生我想要感谢一路无限支持我的妈妈与姐姐，还有耐心教导我很多的老师们：麦田金老师、吴薰贻老师、陈郁芬老师，韩国米蛋糕协会（IRDA）会长천유화（千柳花），还有천유경（千柳景）老师，以及ICDA协会会长박경란（朴京兰）老师，还有常常鼓励、肯定我的최은화（崔银花）老师、慧玲姐、慧贞姐、玫伶、昭伶、秀梅、维尼，以及拍摄时给予我很多协助的小帮手欣怡、Kiki，谢谢大家的鼎力相助与鼓励。最后，还要感谢在天上的爸爸，在天上时时地守护着我。

个人经历

* Romantic mass 工作室执行长
* 韩国米蛋糕协会（IRDA）米烘焙台湾地区讲师
* 韩国米蛋糕协会（IRDA）鲜奶油抹面台湾地区讲师
* KFA 裱花讲师

* KCCA 讲师
* KHHA 讲师
* KAIA 讲师

- BASIC of RICE BAKING -
...
CHAPTER 01

米烘焙的基础

- CHIFFON & SPONGE CAKE -
...
CHAPTER 02

戚风及海绵蛋糕

工具材料介绍

· · ·

基本工具

燃气炉

煮材料时使用。

烤箱

烘烤蛋糕、塔皮等材料使用。

松饼机

用于制作松饼。

食物调理机

将材料打碎或打匀。

桌上型搅拌器

将各类材料搅拌均匀或是打发。

电动打蛋器

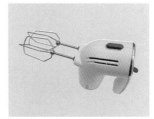

将各类材料搅拌均匀或是打发。

打蛋器

将各类材料搅拌均匀或是打发。

长尺

测量长度或卷蛋糕时使用。

擀面棍

将材料整形或擀平材料。

刮刀

搅拌或将不锈钢盆上糊状材料刮下时使用。

刮板

切割面团或切拌粉状材料。

蛋糕铲

切割或取出塔、蛋糕等成品的辅助工具。

L 形抹刀

在蛋糕表面上涂抹馅料，
使表面更平整。

抹刀

在蛋糕表面上涂抹馅料，使
表面更平整。

脱模刀

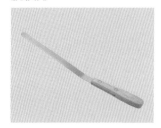

可辅助将蛋糕脱模。

锯齿面包刀

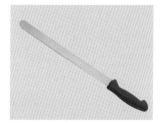

分切面包。

烘焙纸

放在烤盘上，可防止材料
粘连。

烘焙布

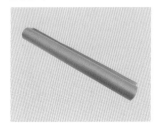

放在烤盘上，可防止材料
粘连。

油力士蛋糕纸

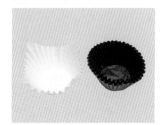

放在烤模上，可防止材料
粘连。

不锈钢盆

盛装各式粉类或材料。

厚底单柄锅

盛装及烹饪食物。

平底锅

盛装及烹饪食物。

烤盘

烘烤时使用，盛装半成品的
器皿。

筛网

过筛粉类，使粉类变细致。

电子秤

称材料重量。

笔式温度计

测量温度。

红外线温度计

测量温度。

绑线

固定蛋糕卷。

硅胶刷

在塔皮表面刷蛋黄液时使用。

刨刀器

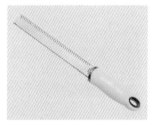

刨出细碎的水果表皮，如柠檬皮。

水果刀

分切材料。

刀子

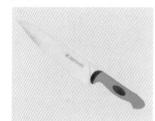

分切材料。

剪刀

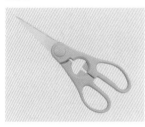

将材料切割或剪开时使用，如剪开裱花袋。

喷火枪

将食材烤出色泽。

保鲜膜

用于保存食材，隔绝空气。

隔热手套

取出烤盘时须佩戴，以防止手烫伤。

喷雾罐

面团发酵前，装水喷洒时使用。

花嘴

将材料挤出所需的形状时使用的辅助工具。

裱花袋

盛装糊类材料时使用。

塑胶袋

盛装面团。

汤匙

用于压平乳酪蛋糕饼底。

玻璃碗

微波时，可更换玻璃碗。

水彩笔

装饰蛋糕表面的金箔时使用。

铝箔纸

隔离重石和面糊。

重石

在烘烤时，可压在塔皮上方，使塔皮不会过度膨胀。

OPP 塑胶纸

整形面团时使用，避免粘连。

微波炉

加热材料时使用。

筷子

搅拌戚风蛋糕面糊，以免蛋糕中间产生孔洞。

SECTION 02　**模具介绍**

6 英寸 ① 圆形烤模

6 英寸活动蛋糕模

戚风蛋糕模

慕斯模（9 厘米）

塔圈（6 厘米）

菊花塔模（9 厘米）

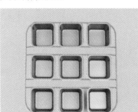

菊花塔模（7.5 厘米）

玛芬烤盘

方形烤盘（29 厘米 ×29 厘米）　九宫格烤盘

长方形烤模

铝箔模型

椭圆形塔模（10.5 厘米 ×6.5 厘米 ×5 厘米）

① 1 英寸 =2.54 厘米

材料使用清单

Column 01	粉类	米谷粉、强力米谷粉、泡打粉、抹茶粉、可可粉、芝麻粉、杏仁粉、肉桂粉、榛果粉、南瓜粉、糖粉、奶粉、即溶咖啡粉。
Column 02	糖类	细砂糖、赤砂糖、玉米糖浆、蜂蜜、麦芽糖、黑糖、海藻糖。
Column 03	酱类	沙拉酱、芝麻酱、蓝莓酱、柳橙酱、草莓果泥、南瓜泥、红樱桃酱。
Column 04	奶制品	动物性鲜奶油、牛奶、奶油、炼乳、酸奶、白乳酪、帕达诺乳酪（Padano cheese）、奶油乳酪、无糖酸奶、高熔点乳酪丁、帕玛森乳酪丝、比萨乳酪丝、帕玛森乳酪、莫札瑞拉乳酪块、马斯卡彭乳酪。
Column 05	巧克力	黑巧克力、55% 黑巧克力、70% 黑巧克力、可可壳、可可脆粒、巴芮脆片、草莓巧克力、白巧克力、牛奶巧克力。
Column 06	酒类	咖啡酒、朗姆酒、红酒、橙酒、抹茶酒、白兰地、樱桃酒。
Column 07	水果	苹果、菠萝、草莓、蓝莓、香蕉、番茄、柚子、柠檬、柳橙。
Column 08	其他材料	盐、葡萄籽油、橄榄油、香草豆荚、肉桂棒、墨鱼汁、咖啡液、红茶包、吉利丁片、新鲜酵母、鸡蛋、洋葱、培根、葱花、肉松、黑橄榄、墨西哥辣椒、甜椒、干贝、虾、热狗、罗勒、地瓜、南瓜丁、南瓜片、核桃、无花果干、蔓越莓干、草莓碎粒、菠萝花、白芝麻、黑芝麻、桂圆肉、开心果碎。

甜点与茶的搭配

● ● ●

甜点的作用有很多,如中和茶的苦涩味、避免饮茶过程过于单调、填补茶带来的轻微饥饿感,此外,还有避免空腹喝茶造成心悸、头昏、眼花、心烦等"茶醉"症状和缓解浓茶伤胃的效用。

说到搭配,就必须要先了解茶的特性,吃甜点想要配茶的理由,就在于"咖啡因"及"儿茶素"。咖啡因除了能提神,还可以缓解甜味。如果吃了很甜的东西,再喝含有咖啡因的茶以后,对甜会比较没有感觉,而且咖啡因还有分解脂肪的效果,也可以减轻油腻感。

近年来研究发现,儿茶素具有超强抗氧化、抗癌能力。它可以协助清除体内不稳定的自由基,防止自由基攻击细胞内的 DNA,预防基因突变、遗传物质损伤,以达抗癌效果。另外,儿茶素也是很好的天然保护心血管的物质,避免血脂肪堆积,降低低密度脂蛋白胆固醇,也就是俗称的身体内的坏胆固醇氧化,降低心血管疾病的发生率。

喝茶的好处有很多,所以这也是近年来手摇饮料店林立的原因之一。

在茶点的搭配上,有以下几种建议:

Column 01	红茶	属于全发酵茶,茶汤醇厚甘甜,搭配吃起来油腻感较重的乳酪蛋糕或乳制品含量较高的蛋糕,非常合适,两者的搭配调和了红茶的苦涩味道,甜点也更加清爽。	Column 03	乌龙茶	属于不完全发酵茶,适合搭配坚果类或咸味的点心、餐饮。例如:咸蛋糕、咸塔等。
Column 02	绿茶	绿茶鲜爽,有时口感会有些苦涩,可以搭配甜的点心。例如:日本的抹茶很苦,所以茶点通常都会很甜。属于无发酵茶,适合搭配甜味较重的糕点,例如:绿豆糕、蛋黄酥等。	Column 04	英国正统的 伯爵茶	带有淡淡的香气,可以中和较甜腻的味道。例如:巧克力蛋糕。
			Column 05	锡兰三红茶	非常适合搭配带有酸味的甜点,又不会抢走蛋糕本身的风味,让甜点耐吃不腻口。

在悠闲的时光中,亲手做一份点心,泡一杯茶,也是非常好的休闲活动。

CHAPTER 01

米烘焙的
基础

BASIC of
RICE BAKING

米谷粉的小知识

· · · ·

SECTION 01 **米的类别**

Column 01 | | 白米的主要成分为淀粉，占 75%，也含有膳食纤维、B 族维生素、维生素 E、钙、磷、钾等营养素。其中的维生素 B_1 可以帮助代谢；维生素 E 则可抗氧化。

Column 02 | | 紫米富含膳食纤维和微量元素，包含铁、钙、锌、硒、钾、磷还有 B 族维生素。

Column 03 | | 黑米除了含有与上列米类相似的膳食纤维、微量元素等营养素之外，最重要的是还含有花青素。

Column 04 | | 黏滑，常被用来制成风味小吃，糯米中含有蛋白质、脂肪、糖类、钙、磷、铁、维生素 B_2、多量淀粉等营养成分。

SECTION 02 **如何挑选适当的米**

稻米的种类，依米的性质而分，通常分籼稻、粳稻、糯稻三种。

（1）籼稻俗称在来米，米粒多细而长，粒形扁平，黏性弱，胀性大，台湾籼米，品质较硬。

（2）粳稻俗称蓬莱米，米粒粗而短，黏性强，食味佳，品质较黏。

（3）糯稻又可分籼糯（长糯米）和粳糯（圆糯米），米粒形状与粳米相近，其黏性较粳米更强，适用制糕饼、制酒。

　　三种米制成米谷粉的产品须考量其柔软度、黏性、弹性等因素，也会随着不同的添加物的特性而有所差异，要根据各种米的性状与制粉的相关性来探讨对烘焙产品的影响。如何将米谷粉应用在西式烘焙点心食品制作中？米种的不同，除了特性，口感上也不太相同，所以在选择粉类时，可以先思考一下想要的成品的口感，再决定使用的种类。

SECTION 03　米谷粉介绍

目前市面上各种不同的"米"，是依据品种以及精制程度来作区分。若以品种来看，米分为籼米（在来米）、粳米（蓬莱米）以及糯米，它们是依据吸水性、膨胀性、黏性来区分。籼米外形细长，透明度高，煮熟后较松且干，多制成米制品，如萝卜糕、粄条等；粳米看起来圆短又透明，特性介于籼米与糯米之间，在料理上为我们一般常吃的白米饭；糯米外形呈白色不透明状，煮熟后较软黏，则可制作粽子、甜点、汤圆等黏性较高的食品。

制作甜点时，最常使用的是粳米（蓬莱米）磨出来的米谷粉，其次是糯米及黑米、红米、紫米等，除了市售的米谷粉，还可以在家自制湿式的米谷粉，湿式的米谷粉是韩国人用来自制蒸的米蛋糕或是年糕时使用的米谷粉。

SECTION 04　关于强力米谷粉

米谷粉因为无小麦蛋白，缺少筋性，所以直接拿来制作面包口感偏硬，解决的方法有几种，可以利用汤种面团来解决口感偏硬的问题，如果想要制作出像高筋面粉筋性的面团，就必须利用到小麦蛋白，韩国推出一款"强力米谷粉"，是在一般的米谷粉内添加小麦蛋白，制成的面包口感与高筋面粉制成的相同。

SECTION 05　米谷粉的磨粉方式

Column 01	干磨	干磨是使用磨粉机直接将米磨成细粉末，磨粉机械是影响受伤淀粉率高低的重要因素，往往干磨出来的米谷粉损伤淀粉数值高，受伤淀粉产生是来自研磨时的热及压力，其吸水量比未受伤淀粉高，所以使用干磨粉制作蛋糕时，相较水磨会更容易消泡。
Column 02	湿磨	湿磨又称为水磨，是将米洗净浸泡后，以磨浆机加水一起研磨成米浆，去水干燥后就是水磨粉，由于大量水在研磨过程中的湿润作用，使得受伤淀粉率低，水磨粉色泽白且粉粒微细，加工特性优良。

Column 03

湿式气流粉碎

湿式气流粉碎，是将米洗净浸泡软化后，利用粉碎碰撞的方式粉碎米粒成粉粒，再利用热风气流干燥成粉，此方法可以保留米的色泽与香气，且淀粉损伤率最低。

　　市面上米谷粉种类众多，适合用来制作西点蛋糕的有白米米谷粉、水磨粳米粉、干磨粳米粉，差别在于各粉类的吸水力不同，本书烘焙制品是使用白米米谷粉制作的，若是使用其他粉类制作，建议可以调高配方中的水量，较不会出现易消泡或口感太干的问题。

　　另外，所有以米谷粉制成的蛋糕都建议等到制作完成的第二天再食用，让奶油和米谷粉能充分融合，熟成后尝起来味道会较佳。若蛋糕有淋面，建议冷藏保存；若没有淋面，则常温保存即可。

SECTION 06　米谷粉和传统面粉不同的地方

项目	成分	外观	韧性	吸水力	吸油力	小麦蛋白
面粉	小麦	偏黄	强	较弱	较佳	有
米谷粉	米	白	弱	较佳	较弱	无

其他基础操作

· · · ·

SECTION 01　**装花嘴方法**

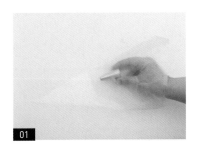

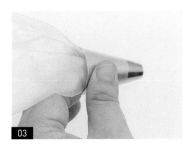

01　将花嘴放入裱花袋中。

02　用剪刀剪下尖端处。

03　将花嘴推出裱花袋尖端。
　　Tips. 可将裱花袋塞入裱花嘴尾端，使馅料不
　　会溢出花嘴前端。

04　用手掌撑开裱花袋袋口。

05　先填入馅料后，再将馅料推至裱花袋
　　尖端。

06　将裱花袋尾端绕大拇指一圈固定即可
　　使用。

SECTION 02　**分蛋方法**

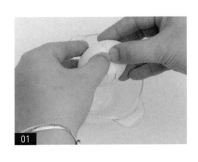

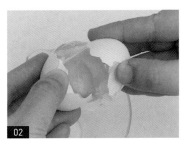

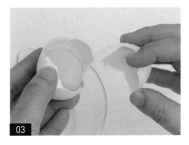

01　准备一容器，敲打蛋壳。

02　打开蛋壳后让蛋白流入容器中。

03　小心不要让蛋黄掉入。

  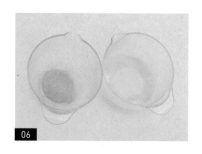

04 将蛋黄倒入另一边蛋壳，使剩下蛋白流入容器中。

05 反复将蛋黄交换位置，检查是否还有多余蛋白。

06 将蛋黄装入另一容器即可。

打散蛋液方法

打散全蛋

01 准备全蛋。

02 打散全蛋。

03 容器倾斜 45° 角，以同方向搅拌。

04 搅拌至看不见蛋白，即完成全蛋搅拌。

打散蛋黄

01 准备蛋黄。

02 将容器倾斜 45° 角，以同方向将蛋黄搅拌均匀。

03 完成蛋黄搅拌。

 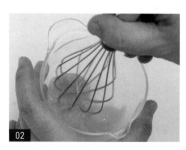

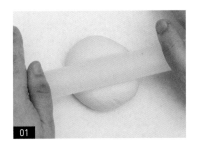
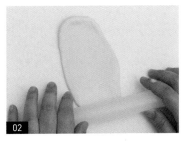
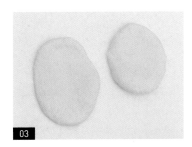

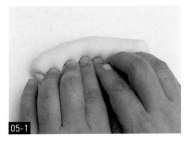

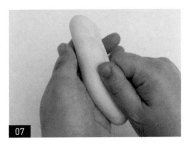
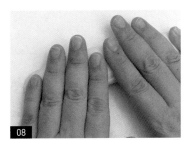

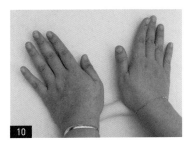
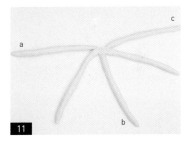

01　制作一个面团，并待面团中间发酵后，将每个小面团进行第一次擀平。

　　Tips. 面包发酵方法可参考 P.154。

02　静置约 3 分钟后，进行第二次擀平。

03　如图，为第一（右）、二次（左）擀平后对照图。

04　用双手手指将面团向内卷。

05　先卷至 1/3 处，用手指按压固定。

06　重复步骤 4~5，继续卷并按压面团。

07　捏紧面团接缝处。

08　将面团搓长。

09　静置 3 分钟后，将面团再次搓长。

10　用双手平均施力，手掌微微向外，将面团两端搓尖，即完成长条形面团。

11　重复步骤 1~10，完成 5 条长条形面团后，将 5 条面团顶端连接。

　　Tips. 图上标注位置，为长条形面团主要会移动的位置。

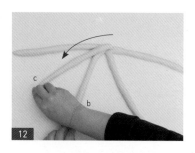 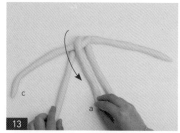 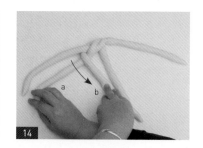

 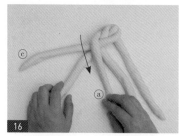 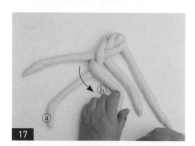

  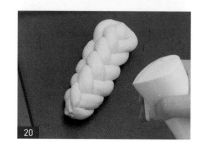

12 将长条形面团 c 移动到长条形面团 b 上。

13 将长条形面团 a 移动到长条形面团 c 上。

14 将长条形面团 b 移动到长条形面团 a 上。

 Tips. 步骤 12~14 为一个循环，以下为第二次循环。

15 将长条形面团 ⓒ 移动到长条形面团 ⓑ 上。

 Tips. 步骤 15 开始为第二次循环，同样以 a、b、c 的位置进行编辫子。

16 将长条形面团 ⓐ 移动到长条形面团 ⓒ 上。

17 将长条形面团 ⓑ 移动到长条形面团 ⓐ 上。

18 重复步骤 12~17，编至尾端处后捏紧面团。

19 将头尾捏紧，以免烘烤时松开。

20 放置烤盘上并喷洒水，发酵 25 分钟后即可烘烤。

CHAPTER 02

戚风及
海绵蛋糕

CHIFFON &
SPONGE CAKE

戚风蛋糕基底糊制作

步骤说明 STEP BY STEP

01 将蛋白倒入不锈钢盆中。

02 取电动打蛋器，以低速打发至大泡泡
　　出现。

03 加入 1/3 细砂糖。

04 调为中高速，打发至啤酒泡泡状态。

05 加入 1/3 细砂糖。

06 维持中高速，打发至小泡泡状态。

07 加入剩下的细砂糖。

08 维持中高速，打发至绵密状态。

09 拿起打蛋器，出现约 1 厘米尖端，即完
　　成蛋白霜打发。

10 将蛋黄分两次加入蛋白霜中，取电动打
　　蛋器以低速拌匀。

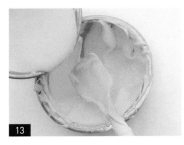

11 将米谷粉、泡打粉混合过筛后加入，再以刮刀拌匀，即完成面糊。

🍰 须以同方向搅拌至面糊呈现光滑面，若颗粒太明显，烤好时会有粉粒，特别是米谷粉相较面粉更易结粒，拌和时要特别注意。

12 取 1/3 的面糊，再与混合并加热后的牛奶、奶油拌匀。

🍰 将牛奶、奶油混合后，用微波炉加热 30 秒，直至奶油融化，在使用前温度须保持在 40℃。

13 以刮刀为缓冲，倒回 2/3 的面糊中拌匀，以免快速冲入造成蛋白消泡。

🍰 因比重不同，用此方法较易拌匀，也较不易消泡。

14 戚风蛋糕基底糊制作完成。

TIP	• 蛋白为冷藏温度较好打发。
	• 勿混入蛋黄，否则无法打发。
	• 容器及机器都要保持清洁，不可残留水分、油脂。
	• 不同电动打蛋器马力不一样，需要的时间也不同。

戚风蛋糕脱模方法

步骤说明 STEP BY STEP

01-1

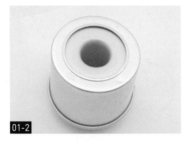

01-2

02

03

04

05

06

01　戚风蛋糕出炉后，须倒扣放凉后再脱模，较易脱模。

02　以脱模刀在模具四周刮一圈。

03　模具中央处也须刮一圈。

04　用手将模具底部撑起。

05　以脱模刀在模具底部刮一圈。

06　蛋糕脱模完成。

CHIFFON CAKE

01

-RECIPE-

香草戚风蛋糕

Chiffon Cake

① 牛奶 66 克

② 奶油 50 克

③ 米谷粉 65 克

④ 泡打粉 2 克

⑤ 蛋白 125 克（使用前须先冷藏）

⑥ 细砂糖 70 克

⑦ 蛋黄 65 克

香草戚风蛋糕
制作视频

工具 TOOLS

戚风蛋糕模、电动打蛋器、不锈钢盆、刮刀、脱模刀、筛网、筷子、微波炉。

步骤说明 STEP BY STEP

前置作业

01 预热烤箱。

02 混合牛奶、奶油后，用微波炉加热 30 秒，直至奶油融化，在使用前温度须保持在 40℃。

03 将泡打粉、米谷粉混合后过筛。

04 蛋白预先冷藏，勿混入蛋黄，否则会影响打发。

面糊制作

05 将蛋白倒入不锈钢盆，细砂糖分三次加入，打发成蛋白霜。
　　🍰 蛋白霜做法可参考 P.26。

06 将蛋黄分两次加入蛋白霜，并用电动打蛋器以低速拌匀。

07 加入已过筛的泡打粉、米谷粉，再用刮刀切拌均匀，即完成面糊。
　　🍰 须以同方向搅拌至面糊呈现光滑面，若颗粒太明显，烤好时会有粉粒，特别是米谷粉相较面粉更易结粒，拌和时要特别注意。

面糊制作

08 取 1/3 的面糊与保温在 40℃的牛奶、奶油拌匀。

09 以刮刀为缓冲，顺着刮刀倒回 2/3 的面糊中搅拌均匀，以免快速冲入易造成蛋白消泡。

🥄 因比重不同，用此方法较易拌匀，也较不易消泡。

10 将拌好的面糊倒入模具内，并用筷子画圆，可使面糊中间的大气泡排出。

🥄 因是使用中空模型，可避免在烤制的过程中，蛋糕内部有大孔洞产生。

11 面糊倒入完成后，将模具拿起，并往桌面敲击一下，以排出大气泡。

🥄 敲击可消除面糊气泡，并使表面平整。

烘烤及脱模

12 放入预热好的烤箱，以上火 190℃ / 下火 180℃，烤约 40 分钟。

13 出炉后，底部轻敲桌面排出蒸汽，倒扣放凉后，以脱模刀分离蛋糕和烤模，即可脱模。

🥄 脱模做法可参考 P.28。

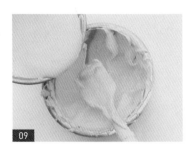

CHIFFON CAKE

02

-RECIPE-

红茶戚风蛋糕

Black Tea Chiffon Cake

材料 INGREDIENTS

① 牛奶 60 克

② 奶油 50 克

③ 红茶包 2 包

④ 动物性鲜奶油 10 克

⑤ 米谷粉 70 克

⑥ 泡打粉 2 克

⑦ 盐少许

⑧ 蛋白 125 克（使用前须先冷藏）

⑨ 细砂糖 80 克

⑩ 蛋黄 65 克

红茶戚风蛋糕
制作视频

工具 TOOLS

戚风蛋糕模、电动打蛋器、不锈钢盆、刮刀、脱模刀、筛网、筷子、微波炉。

步骤说明 STEP BY STEP

前置作业

01 预热烤箱。

02 将两包红茶包、动物性鲜奶油混合后，以微波炉加热 30 ~ 40 秒，泡至茶味出现。

03 将盐、泡打粉、米谷粉混合后过筛。

04 将牛奶、奶油混合后，用微波炉加热 30 秒，直至奶油融化，在使用前温度须保持在 40℃。

面糊制作

05 将蛋白倒入不锈钢盆，细砂糖分三次加入，打发成蛋白霜。

🍰 蛋白霜做法可参考 P.26。

06 将蛋黄分两次加入蛋白霜，并用电动打蛋器以低速拌匀。

07 加入过筛后的盐、泡打粉、米谷粉，再用刮刀切拌均匀，即完成面糊。

🍰 须以同方向搅拌至面糊呈现光滑面，若颗粒太明显，烤好时会有粉粒，特别是米谷粉相较面粉更易结粒，拌和时要特别注意。

面糊制作

08　取 1/3 的面糊与保温在 40℃的牛奶、奶油拌匀。

09　以刮刀为缓冲，倒回 2/3 的面糊中搅拌均匀，以免快速冲入易造成蛋白消泡。

　　🍰 因比重不同，用此方法较易拌匀，也较不易消泡。

10　将两包红茶与动物性鲜奶油一起加温并挤出茶液，然后加入面糊，搅拌均匀。

11　剪开步骤 10 的茶包，并将茶叶加入面糊中。

　　🍰 加入茶叶可增加红茶香气。

12　将拌好的面糊倒入模具内，并以筷子画圆，可使面糊中间的大气泡排出。

　　🍰 因是使用中空模型，可避免在烤制的过程中，蛋糕内部有大孔洞产生。

13　面糊倒入完成后，将模具拿起，并往桌面敲击一下，以排出大气泡。

　　🍰 敲击可消除面糊气泡，并使表面平整。

烘烤及脱模

14　放入预热好的烤箱，以上火 190℃ / 下火 180℃，烤约 40 分钟。

15　出炉后，底部轻敲桌面，倒扣晾凉后，以脱模刀分离蛋糕和烤模，即可脱模。

　　🍰 脱模做法可参考 P.28。

CHIFFON CAKE
03
-RECIPE-

抹茶戚风蛋糕

Matcha Chiffon Cake

①牛奶 55 克

②奶油 40 克

③米谷粉 90 克

④抹茶粉 10 克

⑤泡打粉 2 克

⑥蛋白 140 克（使用前须先冷藏）

⑦细砂糖 70 克

⑧蛋黄 70 克

抹茶戚风蛋糕
制作视频

工具 TOOLS

戚风蛋糕模、电动打蛋器、不锈钢盆、刮刀、脱模刀、筛网、筷子、微波炉。

步骤说明 STEP BY STEP

前置作业

01 预热烤箱。

02 将牛奶、奶油混合后，用微波炉加热 30 ~ 40 秒，直至奶油融化，在使用前温度须保持
在 40℃。

03 将泡打粉、抹茶粉、米谷粉混合后过筛。

　　🍰 抹茶粉较易结粒，建议可过筛数次，使粉类更易与蛋白霜拌匀。

04 蛋白预先冷藏，勿混入蛋黄，否则会影响打发。

面糊制作

05 将蛋白倒入不锈钢盆，细砂糖分三次加入，打发成蛋白霜。

　　🍰 蛋白霜做法可参考 P.26。

06 将蛋黄分两次加入蛋白霜，并边用电动打蛋器以低速拌匀。

面糊制作

07 加入过筛后的泡打粉、抹茶粉、米谷粉，再用刮刀切拌均匀，即完成面糊。

🍰 须以同方向搅拌至面糊呈现光滑面，若颗粒太明显，烤好时会有粉粒，特别是米谷粉相较面粉更易结粒，拌和时要特别注意。

08 取 1/3 的面糊与保温在 40℃的牛奶、奶油拌匀。

09 以刮刀为缓冲，倒回 2/3 的面糊中搅拌均匀，以免快速冲入易造成蛋白消泡。

🍰 因比重不同，用此方法较易拌匀，也较不易消泡。

10 将拌好的面糊倒入模具内，并用筷子画圆，可使面糊中间的大气泡排出。

🍰 因是使用中空模型，可避免在烤制的过程中，蛋糕内部有大孔洞产生。

11 面糊倒入完成后，将模具拿起，并往桌面敲击一下，以排出大气泡。

🍰 敲击可消除面糊气泡，并使表面平整。

烘烤及脱模

12 放入预热好的烤箱，以上火 190℃ / 下火 180℃，烤约 40 分钟。

13 出炉后，底部轻敲桌面排出蒸汽，倒扣放凉后，以脱模刀分离蛋糕和烤模，即可脱模。

🍰 脱模做法可参考 P.28。

巧克力戚风蛋糕

Chocolate Chiffon Cake

① 牛奶 55 克

② 奶油 37 克

③ 米谷粉 50 克

④ 可可粉 10 克

⑤ 泡打粉 2 克

⑥ 蛋白 117 克（使用前须先冷藏）

⑦ 细砂糖 83 克

⑧ 蛋黄 55 克

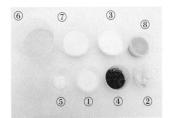

巧克力戚风蛋糕
制作视频

工具 TOOLS

戚风蛋糕模、电动打蛋器、不锈钢盆、刮刀、脱模刀、筛网、筷子、微波炉。

步骤说明 STEP BY STEP

前置作业

01 预热烤箱。

02 将牛奶、奶油混合后，用微波炉加热 30 ～ 40 秒，直至奶油融化，在使用前温度须保持在 40℃。

03 将泡打粉、可可粉、米谷粉混合后过筛。

🍰 可可粉较易结粒，可过筛数次，使粉类更易与蛋白霜拌匀。

04 蛋白预先冷藏，勿混入蛋黄，否则会影响打发。

面糊制作

05 将蛋白倒入不锈钢盆，细砂糖分三次加入，打发成蛋白霜。

🍰 蛋白霜做法可参考 P.26。

06 将蛋黄分两次加入蛋白霜，并边用电动打蛋器以低速拌匀。

07 加入过筛后的泡打粉、可可粉、米谷粉，再以刮刀切拌均匀，即完成面糊。

🍰 须以同方向搅拌至面糊呈现光滑面，若颗粒太明显，烤好时会有粉粒，特别是米谷粉相较面粉更易结粒，拌和时要特别注意。

面糊制作

08 取 1/3 的面糊与混合并加热后的牛奶、奶油拌匀。

09 以刮刀为缓冲，倒回 2/3 的面糊中搅拌均匀，以免快速冲入易造成蛋白消泡。

🍰 因比重不同，用此方法较易拌匀，也较不易消泡。

10 将拌好的面糊倒入模具内，并用筷子画圆，可使面糊中间的大气泡排出。

🍰 因是使用中空模型，可避免在烤制的过程中，蛋糕内部有大孔洞产生。

11 面糊倒入完成后，将模具拿起，并往桌面敲击一下，以排出大气泡。

🍰 敲击可消除面糊气泡，并使表面平整。

烘烤及脱模

12 放入预热好的烤箱，以上火 190℃／下火 180℃，烤约 40 分钟。

13 出炉后，底部轻敲桌面排出蒸汽，倒扣放凉后，以脱模刀分离蛋糕和烤模，即可脱模。

🍰 脱模做法可参考 P.28。

全蛋海绵蛋糕基底糊制作

步骤说明 STEP BY STEP

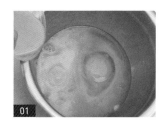 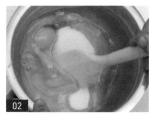 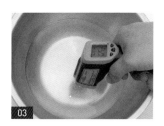 

 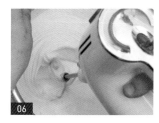  

01 将全蛋倒入不锈钢盆中。

02 加入细砂糖，以刮刀切拌均匀。

03 取另一不锈钢盆，准备温度约 65℃ 的热水。

04 将全蛋液放入不锈钢盆内隔水加热。

🍰 须不断搅拌避免过热。

05 加热至 36℃ 后取出。

🍰 全蛋打发最好的温度是 36～38℃。

06 取电动打蛋器以高速打发全蛋液，并稍微倾斜不锈钢盆，打发至颜色逐渐变白。

07 浓稠度约为打发蛋液可在表面画出"8"，且不会马上消失。

08 全蛋海绵蛋糕基底糊制作完成。

> **TIP**
> · 容器及机器都要保持清洁，没有残留水分、油脂。
> · 不同电动打蛋器马力不一样，需要的时间也不同。
> · 因用高速打发后会有大气泡产生，所以要转低速均质到大气泡消失且表面有光泽的程度，可避免加入粉类时消泡。

分蛋海绵蛋糕基底糊制作

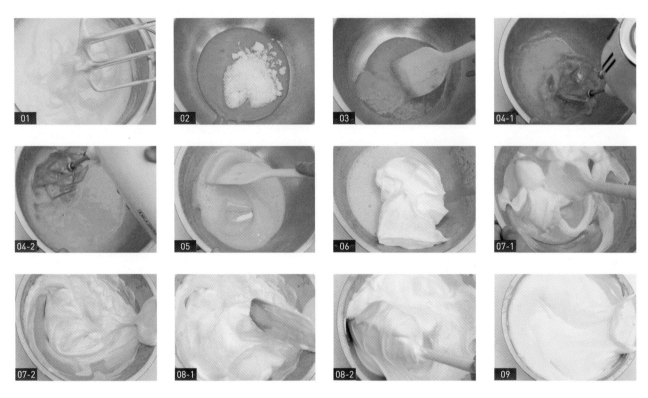

01 取蛋白打成蛋白霜。

　🍰 蛋白霜打法可参考 P.26。

02 取另一不锈钢盆倒入蛋黄及细砂糖。

03 用刮刀稍微搅拌细砂糖。

04 将电动打蛋器调为高速，开始打发，打发过程中，蛋黄颜色会逐渐变浅，并呈现较滑顺状态。

05 与蛋白霜混合之前，用刮刀将蛋黄液翻拌均匀至呈现浓稠状。

06 取 1/2 蛋白霜加入打发好的蛋黄中。

07 用刮刀切拌均匀。

08 加入剩下的 1/2 蛋白霜，并重复步骤 7，用刮刀切拌均匀。

09 分蛋海绵蛋糕基底糊制作完成。

TIP	• 蛋白须冷藏，较好打发。 • 容器及机器都要保持清洁，没有残留水分、油脂。 • 不同电动打蛋器马力不一样，需要的时间也不同。

SPONGE CAKE

01

-RECIPE-

巧克力海绵蛋糕

Chocolate Sponge Cake

① 牛奶 20 克

② 奶油 25 克

③ 米谷粉 100 克

④ 可可粉 17 克

⑤ 全蛋 141 克

⑥ 蛋黄 41 克

⑦ 细砂糖 80 克

⑧ 玉米糖浆 19 克

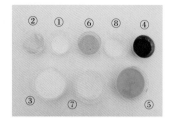

巧克力海绵蛋糕
制作视频

6 英寸圆形烤模、电动打蛋器、不锈钢盆、刮刀、烘焙布、红外线温度计、筛网、微波炉。

前置作业

01 预热烤箱。

02 将牛奶与奶油混合后，用微波炉加热 30 ~ 40 秒，直至奶油融化。

03 将可可粉、米谷粉混合后过筛。

🍰 可可粉较易结粒，可过筛数次，使粉类更易与蛋白霜拌和。

04 在烤模上铺上烘焙布。

🍰 蛋糕出炉后，侧面会较平滑，不会掉落太多蛋糕屑。

面糊制作

05 将全蛋、蛋黄、细砂糖、玉米糖浆倒入不锈钢盆后，持续搅拌并隔水加热至 36 ~ 38℃。

🍰 36 ~ 38℃为全蛋打发较佳的温度。
加入玉米糖浆，可使蛋糕体较湿润。

06 用电动打蛋器高速打发变白，至表面可以用面糊画出"8"，时间约为 5 分钟。

🍰 全蛋打发做法可参考 P.41。

面糊制作

07 加入过筛后的可可粉、米谷粉，用刮刀切拌均匀，即完成面糊。

🍰 须以同方向搅拌至面糊呈现光滑面，若颗粒太明显，烤好时会有粉粒，特别是米谷粉相较面粉更易结粒，拌和时要特别注意。

08 取 1/3 的面糊，加入牛奶与奶油中拌匀。

09 以刮刀为缓冲，倒回 2/3 的面糊中搅拌均匀。

🍰 因比重不同，用此方法较易拌匀，也较不易消泡。

10 将拌好的面糊倒入模具内，并往桌面敲击一下，以排出大气泡。

🍰 敲击可消除面糊气泡，并使表面平整。

烘烤及装饰

11 放入预热好的烤箱，以上火 180℃ / 下火 170℃，烤约 30 ~ 35 分钟。

12 出炉后脱模，并取下烘焙布排出热气即可。

SPONGE CAKE
02
-RECIPE-

原味海绵蛋糕

Sponge Cake

材料 INGREDIENTS

① 蜂蜜 8 克
② 奶油 27 克
③ 米谷粉 101 克
④ 全蛋 155 克
⑤ 蛋黄 41 克
⑥ 细砂糖 100 克

原味海绵蛋糕
制作视频

工具 TOOLS

6 英寸圆形烤模、电动打蛋器、打蛋器、不锈钢盆、刮刀、烘焙布、红外线温度计、筛网、微波炉。

步骤说明 STEP BY STEP

前置作业

01 预热烤箱。
02 将蜂蜜与奶油混合后，用微波炉加热 20 秒，直至奶油融化。
03 将米谷粉过筛。
04 在烤模上铺上烘焙布。

面糊制作

05 将全蛋、蛋黄与细砂糖倒入不锈钢盆后，持续搅拌并隔水加热至 36 ~ 38℃。
　　🍰 36 ~ 38℃为全蛋打发较佳的温度。

06 用电动打蛋器高速打发变白，至表面可以用面糊画出"8"，时间约为 5 分钟。
　　🍰 全蛋打发做法可参考 P.41。

面糊制作

07 加入过筛后的米谷粉，用刮刀切拌均匀，即完成面糊。

🍰 须以同方向搅拌至面糊呈现光滑面，若颗粒太明显，烤好时会有粉粒，特别是米谷粉相较面粉更易结粒，拌和时要特别注意。

08 取 1/3 的面糊，加入蜂蜜与奶油拌匀。

09 以刮刀为缓冲，倒回 2/3 的面糊中搅拌均匀。

🍰 因比重不同，用此方法较易拌匀，也较不易消泡。

10 将拌好的面糊倒入模具内，并往桌面敲击一下，以排出大气泡。

🍰 敲击可消除面糊气泡，并使表面平整。

烘烤及装饰

11 放入预热好的烤箱，以上火 180℃ / 下火 170℃，烤 30 ～ 35 分钟。

12 出炉后脱模，并取下烘焙布排出热气即可。

CHAPTER 03

蛋糕卷

CAKE ROLL

蛋糕卷基底糊制作 | （分蛋海绵蛋糕体做法）

01 在不锈钢盆中，倒入蛋黄。

02 加入细砂糖。

03 用刮刀稍微拌匀。

04 取电动打蛋器以低速打发，即完成蛋黄糊。

05 取另一不锈钢盆倒入蛋白。

06 将电动打蛋器调低速，打发蛋白至大泡泡出现。

07 倒入 1/3 的细砂糖。

08 电动打蛋器调为中高速，打发至啤酒泡泡出现。

09　再倒入 1/3 的细砂糖。

10　电动打蛋器维持中高速，打发至小泡泡状态。

11　倒入剩下的细砂糖。

12　电动打蛋器维持中高速，打发至绵密状态且有光泽。

13　待拿起电动打蛋器，出现约 1 厘米尖端即完成蛋白霜打发。

14　取 1/2 的蛋白霜并加入蛋黄糊。

15　用刮刀切拌均匀。

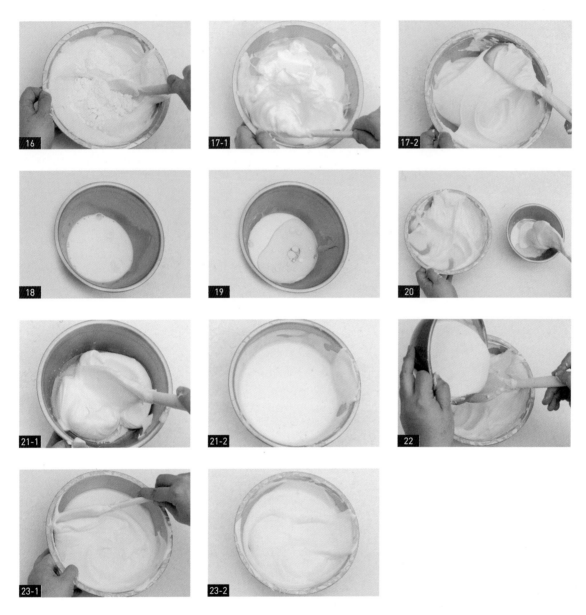

16　加入米谷粉并切拌均匀。

17　重复步骤 15，加入剩余 1/2 的蛋白霜，并切拌拌匀。

18　将牛奶用微波炉加热 20 ～ 30 秒。

19　加入葡萄籽油。

20　加入步骤 17 一部分混合后的材料。

21　用刮刀切拌均匀。

22　将步骤 20 拌匀后材料，以刮刀为辅助倒回步骤 17 材料中。

23　用刮刀拌匀，即完成蛋糕卷基底糊制作 I，分蛋海绵蛋糕体做法。

ARTICLE 02 蛋糕卷基底糊制作 II（戚风蛋糕体做法）

步骤说明 STEP BY STEP

01 将牛奶与奶油到入厚底单柄锅，并以燃气炉加热至 70℃后，关火。

　 详细制作方法可参考 P.66 焦糖蛋糕卷的制作视频。

02 将已过筛的米谷粉倒入锅中，快速拌匀。

03 将步骤 2 拌匀材料倒入另一容器盛装，以散热、放凉。

04 放凉后，加入全蛋与蛋黄，并快速拌匀，即完成面糊。

05 在不锈钢盆中，倒入蛋白。

06 将电动打蛋器调低速，打发蛋白至大泡泡出现。

07 倒入 1/3 的细砂糖。

08 电动打蛋器调为中高速，打发至啤酒泡泡状态。

09 再倒入 1/3 的细砂糖。

10 电动打蛋器维持中高速，打发至小泡泡状态。

11 倒入剩下的细砂糖。

12 电动打蛋器维持中高速，打发至绵密状态。

 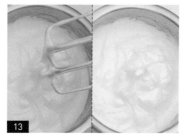 

13 待拿起搅拌机，出现约 1 厘米尖端即完成蛋白霜打发。

14 取 1/2 的蛋白霜并加入面糊。

15 用刮刀搅拌均匀。

16 以刮刀为缓冲，将步骤 15 拌匀的面糊倒入剩下 1/2 的蛋白霜中拌匀，以免快速冲入造成蛋白消泡，即完成蛋糕卷基底糊制作Ⅱ，戚风蛋糕体做法。

ARTICLE

03 烘焙纸入烤盘方法

步骤说明 STEP BY STEP

 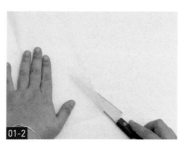 

01 剪裁长约 31 厘米、宽约 31 厘米的烘焙纸。

02 将四角剪一对角线。

03 铺在烤盘上，并用指腹顺着烤盘边缘，按压出边线。

卷蛋糕卷的方法

步骤说明 STEP BY STEP

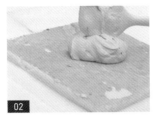

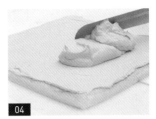
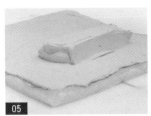
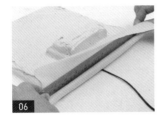

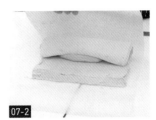

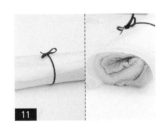

01　将蛋糕体放在烘焙纸、绑线上，并以锯齿面包刀在蛋糕体边缘切一斜面。

02　取适量内馅。

　　🍰 约 2/3 的内馅。

03　用抹刀将内馅均匀涂抹至蛋糕表面。

　　🍰 须由内向外涂抹，且斜面也要涂抹。

04　在后侧堆叠内馅。

　　🍰 内馅约堆叠在距离蛋糕边缘 7 厘米的地方。

05　堆叠的内馅高度约 3 厘米。

06　取长尺，先按压前端蛋糕体。

07　将烘焙纸向前拉起，以卷起蛋糕体。

　　🍰 小心包住内馅，注意蛋糕是否顺利卷入。

08　用手掌轻轻按压住蛋糕体，并顺势将蛋糕体往前卷。

09　一手拉取烘焙纸，一手以金属长尺将蛋糕卷紧。

　　🍰 长尺往身体方向，拉纸的手往前。
　　　一边拉紧，一边确认馅料是否有溢出。

10　卷起后，用绑线轻绑蝴蝶结，以固定蛋糕卷。

11　如图，蛋糕卷完成，可放入冰箱冷藏定型。

葱花肉松蛋糕卷

Green Onion & Pork Floss Cake Roll

戚风蛋糕体做法

材料 INGREDIENTS

面糊

① 牛奶 40 克

② 奶油 51 克（软化）

③ 米谷粉 55 克

④ 蛋黄 53 克

⑤ 全蛋 27 克

⑥ 蛋白 111 克（冷藏）

⑦ 细砂糖 61 克

⑧ 绿葱花 15 克

⑨ 肉松 a 50 克

馅料

⑩ 沙拉酱 40 克

⑪ 肉松 b 50 克

葱花肉松蛋糕卷
制作视频

工具 TOOLS

方形烤盘（29 厘米 ×29 厘米）、燃气炉、厚底单柄锅、电动打蛋器、打蛋器、不锈钢盆、刮刀、烘焙纸、刮板、L 形抹刀、锯齿面包刀、长尺、绑线 20 厘米、筛网。

步骤说明 STEP BY STEP

前置作业

01　预热烤箱。

02　将米谷粉过筛。

03　剪裁长约 31 厘米、宽约 31 厘米的烘焙纸，并铺在烤盘上。

04　蛋白须预先冷藏，勿混入蛋黄，否则会影响打发。

05　奶油预先放至常温。

面糊制作

06　将牛奶与奶油倒入厚底单柄锅，并以燃气炉加热至 70℃后，关火。

🍰 约至锅边冒泡即可关火。

07　加入已过筛的米谷粉快速拌匀后，倒入另一个容器盛装。

🍰 置换容器可使面糊散热。
　　因米谷粉易结粒，所以倒入时要快速拌开。

08　加入全蛋与蛋黄，并快速拌匀，即初步完成面糊。

面糊制作

09 将蛋白倒入不锈钢盆，加入细砂糖，打发成蛋白霜。

　　🔺 蛋白霜做法可参考 P.53。

10 取 1/2 的蛋白霜并加入面糊，用刮刀或打蛋器拌匀。

11 倒入另一半蛋白霜轻轻搅拌，即完成面糊制作。

　　🔺 此步骤尽量避免面糊消泡。

烘烤

12 将面糊倒入烤盘后用刮板抹平，均匀撒上绿葱花、肉松 a。

　　🔺 绿色葱花比白色葱花更添香气。

13 放入预热好的烤箱，以上火 190℃ / 下火 170℃，烤约 17 分钟。

14 出炉后立刻取下底部烘焙纸，放凉，即完成蛋糕卷主体。

内馅制作及组装

15 取蛋糕卷主体，并在表面均匀涂抹沙拉酱。

　　🔺 将有肉松葱花的烤焙面朝下。

16 将肉松 b 撒在沙拉酱上方，即完成内馅制作。

　　🔺 肉松量可依个人喜好调整。

17 将蛋糕卷卷起，冷藏定型，即可食用。

　　🔺 卷蛋糕卷方法可参考 P.55。

CAKE ROLL
02
-RECIPE-

芝麻蛋糕卷
Black Sesame Cake Roll

分蛋海绵蛋糕体做法

面糊

① 全蛋 25 克

② 蛋黄 40 克

③ 细砂糖 a 25 克

④ 蛋白 90 克（冷藏）

⑤ 细砂糖 b 35 克

⑥ 米谷粉 65 克

⑦ 芝麻粉 25 克

内馅

⑧ 动物性鲜奶油 250 克（冷藏）

⑨ 细砂糖 c 25 克

⑩ 黑芝麻酱 60 克

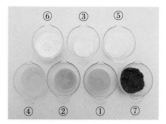

芝麻蛋糕卷
制作视频

方形烤盘（29 厘米 ×29 厘米）、电动打蛋器、不锈钢盆、刮刀、烘焙纸、刮板、锯齿面包刀、L 形抹刀、长尺、绑线 20 厘米、筛网。

前置作业

01　预热烤箱。

02　将米谷粉、芝麻粉过筛。

03　剪裁长约 31 厘米、宽约 31 厘米的烘焙纸，并铺在烤盘上。

04　蛋白预先冷藏，勿混入蛋黄，否则会影响打发。

05　奶油预先放至常温。

面糊制作

06　将全蛋、蛋黄与细砂糖 a 倒入不锈钢盆打发变白。

　　🍰 全蛋打发做法可参考 P.50。

07　将蛋白倒入不锈钢盆，细砂糖 b 分三次加入，打发成蛋白霜。

　　🍰 蛋白霜做法可参考 P.53。

面糊制作

08 取 1/2 的蛋白霜并加入蛋黄糊中，用刮刀切拌均匀。

09 加入剩余 1/2 的蛋白霜切拌均匀。

10 加入过筛后的米谷粉与芝麻粉拌匀，即完成芝麻面糊。

烘烤

11 将芝麻面糊倒入烤盘后，用刮板抹平。

12 放入预热好的烤箱，以上火 190℃ / 下火 195℃，烤约 17 分钟。

13 出炉后立刻取下底部烘焙纸，放凉，即完成蛋糕卷主体。

内馅制作及组装

14 将动物性鲜奶油与细砂糖 c 混合后，隔冰水，取电动打蛋器以中高速打至七分发，直至呈
现奶昔状。

15 加入黑芝麻酱，先不开电源，取电动打蛋器以同方向搅拌到颜色均匀后，再开启电源打至
九分发，即完成芝麻馅。

16 取蛋糕卷主体，在表面均匀涂抹芝麻馅，再于后侧堆叠内馅后，卷起，冷藏定型即可。

🍰 卷蛋糕卷方法可参考 P.55。

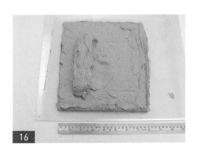

咖啡核桃蛋糕卷

Coffee & Walnut Cake Roll

分蛋海绵蛋糕体做法

面糊

① 牛奶 a 44 克

② 奶油 a 25 克

③ 即溶咖啡粉 a 5 克

④ 蛋黄 a 50 克

⑤ 蛋白 100 克（冷藏）

⑥ 细砂糖 a 60 克

⑦ 米谷粉 70 克

⑧ 细砂糖 b 30 克

内馅

⑨ 牛奶 b 65 克

⑩ 即溶咖啡粉 b 8 克

⑪ 蛋黄 b 65 克

⑫ 细砂糖 c 47 克

⑬ 奶油 b 220 克

⑭ 咖啡酒 10 克

⑮ 蜜核桃 150 克

咖啡核桃蛋糕卷
制作视频

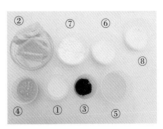

工具 TOOLS

方形烤盘（29 厘米 ×29 厘米）、燃气炉、厚底单柄锅、电动打蛋器、不锈钢盆、刮刀、烘焙纸、锯齿面包刀、L 形抹刀、长尺、绑线 20 厘米、筛网、微波炉、刮板。

步骤说明 STEP BY STEP

前置作业

01　预热烤箱。

02　将米谷粉过筛。

03　剪裁长约 31 厘米、宽约 31 厘米的烘焙纸，并铺在烤盘上。

04　蛋白预先冷藏，勿混入蛋黄，否则会影响打发。

面糊制作

05　将牛奶 a、奶油 a 与即溶咖啡粉 a 混合后，用微波炉加热 30 ～ 40 秒，直至奶油 a 融化，备用。

06　将蛋黄 a 与细砂糖 b 高速打发变白。

07　将蛋白倒入不锈钢盆，细砂糖 a 分三次加入，打发成蛋白霜。

　　🍰 蛋白霜做法可参考 P.53。

面糊制作

08 取 1/2 的蛋白霜与打发的蛋黄切拌至八分匀。

09 加入已过筛的米谷粉拌至无颗粒，再将剩余 1/2 的蛋白霜加入拌匀。

10 取 1/3 的面糊并加入融化的步骤 5 材料，用刮刀切拌均匀。

11 承步骤 10，切拌均匀后，再倒回 2/3 的面糊中切拌均匀，即完成咖啡面糊制作。

烘烤

12 将咖啡面糊倒入烤盘后用刮板抹平。

13 放入预热好的烤箱，以上火 190℃／下火 195℃，烤约 17 分钟。

14 出炉后立刻取下底部烘焙纸，放凉，即完成蛋糕卷主体。

内馅制作及组装

15 [同时] 将即溶咖啡粉 b 及牛奶 b 倒入锅中，拌开后，加热至锅边冒泡，即完成咖啡牛奶。

将蛋黄 b 与细砂糖 c 高速打发、变白，将咖啡牛奶慢慢加入，用电动打蛋器打至完全凉。

16 加入 1/3 的奶油 b，并将电动打蛋器调成中速后搅拌均匀。

17 一边搅打，一边分次加入剩下 2/3 的奶油 b，拌匀至呈奶油霜状。

18 倒入咖啡酒，拌匀。

19 分次加入蜜核桃，并用刮刀搅拌均匀，即完成内馅。

20 取蛋糕卷主体，并先在表面均匀涂抹内馅，再于后侧堆叠内馅。

21 将蛋糕卷卷起，冷藏定型，即可食用。

🍰 卷蛋糕卷方法可参考 P.55。

CAKE ROLL
04
-RECIPE-

焦糖蛋糕卷
Caramel Cake Roll

戚风蛋糕体做法

面糊

①牛奶 a 10 克

②奶油 28 克（软化）

③蛋黄 47 克

④全蛋 40 克

⑤蛋白 95 克（冷藏）

⑥细砂糖 a 40 克

⑦米谷粉 43 克

⑧牛奶 b 30 克

馅料

⑨细砂糖 b 50 克

⑩动物性鲜奶油 a 80 克

⑪动物性鲜奶油 b 250 克（冷藏）

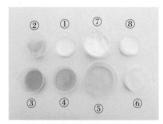

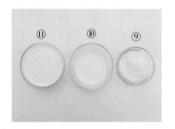

焦糖蛋糕卷
制作视频

方形烤盘（29 厘米 ×29 厘米）、燃气炉、厚底单柄锅、电动打蛋器、打蛋器、不锈钢盆、刮刀、烘焙纸、刮板、锯齿面包刀、L 形抹刀、长尺、绑线 20 厘米、筛网。

前置作业

01 预热烤箱。

02 将米谷粉过筛。

03 剪裁长约 31 厘米、宽约 31 厘米的烘焙纸，并铺在烤盘上。

04 将动物性鲜奶油 a 预先加热至 60 ~ 70℃，备用。

05 在制作内馅前，先准备一锅冰水备用。

06 蛋白预先冷藏，勿混入蛋黄，否则会影响打发。

07 奶油预先放至常温。

08 焦糖鲜奶油切记不可常温摆放，以免导致酸败，一定要冷藏保存。

面糊制作

09 将牛奶 a 与奶油倒入厚底单柄锅，加热至锅边冒泡后，关火。

10 加入已过筛的米谷粉并拌匀后，再开小火，再用刮板翻拌至锅底结皮，加入牛奶 b 拌匀后，
    倒入另一不锈钢盆中。

    🍰 因米谷粉易熟，关火后再加入搅拌，约搅拌 10 ～ 15 秒。
        换锅以防温度过高，导致水分丧失。

11 加入蛋黄拌匀。

12 加入全蛋拌匀。

13 将面糊过筛，备用。

    🍰 若拌好没有结粒现象，此步骤可以省略。

14 将蛋白与细砂糖 a 倒入不锈钢盆打发制成蛋白霜。

    🍰 蛋白霜做法可参考 P.53。

15 取 1/2 的蛋白霜并加入面糊中，用刮刀切拌均匀。

16 重复步骤 15，加入剩余 1/2 的蛋白霜，并切拌拌匀，即完面糊制作。

烘烤

17 将面糊倒入烤盘后用刮板抹平。

18 放入预热好的烤箱，以上火 190℃ / 下火 195℃，烤约 17 分钟。

19 出炉后立刻取下底部烘焙纸，放凉，即完成蛋糕卷主体。

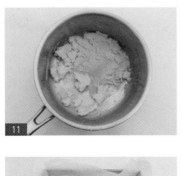

内馅制作及组装

20 取细砂糖 b，并分次放入锅中加热至细砂糖 b 呈现咖啡色后，稍微摇晃锅子，使上色更均匀。

🍰 勿搅拌，搅拌会使砂糖产生返砂结晶。
分次倒入细砂糖时，要等锅中的糖稍微溶化后，再加下次的糖。
焦糖建议可煮焦一点，在之后与动物性鲜奶油混合打发后，焦糖味会较明显。

21 加入动物性鲜奶油 a，并加热到 70℃后，关火。

22 将焦糖锅放入冰块水中，降温到完全凉，即完成焦糖酱。

23 准备一个空锅，并倒入动物性鲜奶油 b。

24 加入焦糖酱，并用刮刀拌匀。

🍰 勿用打蛋器。

25 倒入可密封的容器中，冷藏并静置一晚，即完成焦糖鲜奶油。

🍰 因刚与焦糖拌好的鲜奶油不稳定，须冷藏静置一晚再打发。

26 将焦糖鲜奶油倒入锅中，隔冰水，取电动打蛋器以中高速打发，即完成内馅制作。

27 取蛋糕卷主体，并先在表面均匀涂抹内馅，再于后侧堆叠内馅。

28 将蛋糕卷卷起，冷藏定型，即可食用。

🍰 卷蛋糕卷方法可参考 P.55。

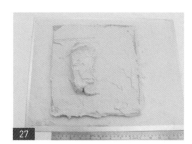

CAKE ROLL
05
-RECIPE-

乳酪蛋糕卷
Cheese Cake Roll

分蛋海绵蛋糕体做法

面糊

① 牛奶 a 35 克

② 奶油 a 40 克（软化）

③ 奶油乳酪 60 克

④ 蛋黄 a 120 克

⑤ 细砂糖 a 60 克

⑥ 蛋白 180 克（冷藏）

⑦ 细砂糖 b 85 克

⑧ 米谷粉 a 70 克

⑨ 帕达诺乳酪适量

内馅

⑩ 牛奶 b 133 克

⑪ 豆荚 1/3 条

⑫ 蛋黄 b 33 克

⑬ 细砂糖 c 19 克

⑭ 米谷粉 b 13 克

⑮ 动物性鲜奶油 200 克（冷藏）

⑯ 细砂糖 d 20 克

⑰ 奶油 b 13 克

⑱ 朗姆酒 20 克

乳酪蛋糕卷
制作视频

方形烤盘（29 厘米 ×29 厘米）、燃气炉、厚底单柄锅、电动打蛋器、打蛋器、不锈钢盆、刮刀、烘焙纸、刮板、锯齿面包刀、L 形抹刀、刨刀器、水果刀、长尺、绑线 20 厘米、保鲜膜、筛网。

前置作业

01　预热烤箱。

02　豆荚以刀剖开后去籽。

03　将米谷粉过筛。

04　剪裁长约 31 厘米、宽约 31 厘米的烘焙纸，并铺在烤盘上。

05　蛋白预先冷藏，勿混入蛋黄，否则会影响打发。

06　奶油预先放至常温。

面糊制作

07　奶油 a、牛奶 a 与奶油乳酪混合后，加热至融化，完成牛奶乳酪糊，备用。

08　将蛋黄 a 与细砂糖 a 高速打发变白，即完成蛋黄糊。

09　将蛋白倒入不锈钢盆，细砂糖 b 分三次加入，打发成蛋白霜。

　　蛋白霜做法可参考 P.53。

面糊制作

10　将 1/2 的蛋白霜加入蛋黄糊中，用刮刀稍微切拌。

11　加入已过筛米谷粉 a，用刮刀切拌均匀，直到呈现半流动的状态。

12　加入剩下 1/2 的蛋白霜，切拌至八分匀，再加入牛奶乳酪糊，即完成面糊。

烘烤

13　将面糊倒入烤盘后，用刮板抹平。

14　以刨刀器为辅助，在面糊表面撒上帕达诺乳酪。

15　放入预热好的烤箱，以上火 190℃ / 下火 195℃，烤约 17 分钟。

16　出炉后立刻取下底部烘焙纸，放凉，即完成蛋糕卷主体。

内馅制作

17　将牛奶 b 与豆荚加热备用。

18　将蛋黄 b、细砂糖 c 与过筛后的米谷粉 b 倒入不锈钢盆内，用打蛋器拌匀。

19　加入加温好的牛奶 b 与豆荚一边搅拌，一边冲入后拌匀。

20　用筛网将拌匀的步骤 19 的材料过筛至厚底单柄锅内后，用燃气炉加热，用刮刀一边均匀搅拌一边煮至浓稠，关火。

21　加入入奶油 b 拌匀，即完成卡士达酱。

🍰 趁热加入奶油，会较好搅拌。

内馅制作

22　将卡士达酱表面覆盖并贴紧保鲜膜，放凉，以避免水蒸气滴入，导致卡士达酱变质酸败。

23　将动物性鲜奶油与细砂糖 d 混合后，隔冰水，取电动打蛋器以中高速打至约六分发呈现奶昔状。

24　以刮刀为辅助，将卡士达酱分小块放入后，取电动打蛋器以不开机状态拌开。

25　取电动打蛋器以中高速打至约九分发后，加入朗姆酒拌匀。

组装

26　取蛋糕卷主体，并先在表面均匀涂抹内馅，再于后侧堆叠内馅。

27　将蛋糕卷卷起，冷藏定型，即可食用。

🍰 卷蛋糕卷方法可参考 P.55。

巧克力蓝莓蛋糕卷

Chocolate & Blueberry Cake Roll

戚风蛋糕体做法

面糊

① 蛋黄 52 克

② 细砂糖 a 26 克

③ 蛋白 105 克（冷藏）

④ 细砂糖 b 55 克

⑤ 牛奶 63 克

⑥ 葡萄籽油 26 克

⑦ 可可粉 9 克

⑧ 米谷粉 52 克

馅料

⑨ 动物性鲜奶油 200 克（冷藏）

⑩ 蓝莓酱 30 克

巧克力蓝莓蛋糕卷
制作视频

工具 TOOLS

方形烤盘（29 厘米 ×29 厘米）、燃气炉、厚底单柄锅、电动打蛋器、打蛋器、不锈钢盆、刮刀、烘焙纸、刮板、锯齿面包刀、L 形抹刀、长尺、绑线 20 厘米、筛网。

步骤说明 STEP BY STEP

前置作业

01　预热烤箱。

02　将米谷粉过筛。

03　剪裁长约 31 厘米、宽约 31 厘米的烘焙纸，并铺在烤盘上。

04　蛋白预先冷藏，勿混入蛋黄，否则会影响打发。

面糊制作

05　将蛋黄与细砂糖 a 拌匀。

06　加入牛奶，拌匀，即完成蛋黄糊。

07　取厚底单柄锅，倒入葡萄籽油后加热，待冒烟后，关火加入可可粉，快速拌匀。

　　🍰 记得须先关火再倒入可可粉，避免可可粉烧焦产生苦味。

08　将步骤 7 拌匀材料，趁热倒入蛋黄糊中，拌匀。

09　加入已过筛的米谷粉，拌匀，即完成可可面糊。

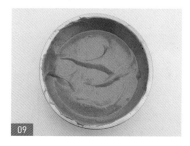

面糊制作

10　将蛋白倒入不锈钢盆，细砂糖 b 分三次加入，打发成蛋白霜。

　　🍰 蛋白霜做法可参考 P.54。

11　将 1/2 的蛋白霜加入可可面糊中，用刮刀稍微切拌。

12　加入剩下 1/2 的蛋白霜，并切拌均匀，即完成面糊。

烘烤

13　将面糊倒入烤盘后用刮板抹平。

14　放入预热好的烤箱，以上火 200℃ / 下火 160℃，烤约 15 分钟。

15　出炉后立刻取下底部烘焙纸，放凉，即完成蛋糕卷主体。

内馅制作及组装

16　将动物性鲜奶油隔冰水，取电动打电器以中高速打至六分发呈现奶昔状。

17　加入蓝莓果酱后，先取电动打蛋器以不开机状态拌开，再改用中速打发至九分发，即完成内馅制作。

18　取蛋糕卷主体，并先在表面均匀涂抹内馅，再于后侧堆叠内馅。

19　将蛋糕卷卷起，冷藏定型，即可食用。

　　🍰 卷蛋糕卷方法可参考 P.55。

磅蛋糕

POUND CAKE

磅蛋糕基底糊制作

步骤说明 STEP BY STEP

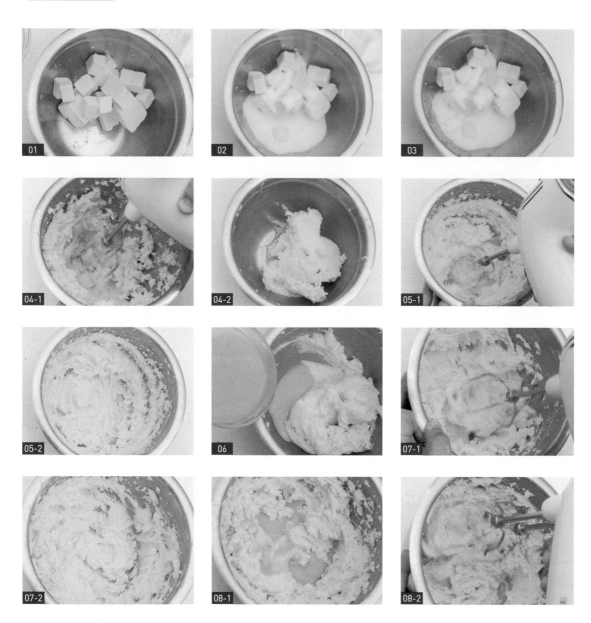

01　取一不锈钢盆倒入奶油。

02　加入细砂糖。

03　加入玉米糖浆。

04　取电动打蛋器以低速打软。

05　再调为高速打发变白。

06　倒入 1/3 的全蛋。

　　蛋液分三次倒入，每次倒入都要确实将蛋液与奶油拌匀，才能再倒下一次。

07　取电动打蛋器以高速打匀。

08　重复步骤 6~7，分次将全蛋倒入后，搅拌均匀。

09　倒入 1/2 的蛋黄。

10　取电动打蛋器以高速打匀。

11　重复步骤 9~10，分次将蛋黄倒入后，搅拌均匀。

12　倒入已过筛米谷粉。

13 倒入已过筛杏仁粉。

14 取电动打蛋器以低速拌匀。

15 如图，磅蛋糕基底糊制作完成。

TIP
- 容器及机器都要保持清洁，没有残留水分、油脂。
- 奶油预先放至常温，软化备用。（图1）
- 不同电动打蛋器马力不一样，需要的时间也不同。

奶油软化状态（图1）

烘焙纸入烤模方法

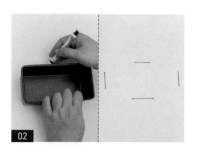

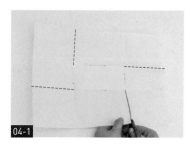
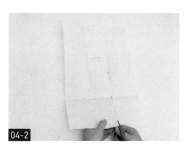
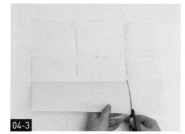

01 取长方形烤模测量烘焙纸长和宽，烘焙纸须高于烤模约 10 厘米。

02 在烤模四周做记号。

03 以记号线为基准，折出四条折痕。

04 以剪刀剪开图上虚线处。

05 以剪刀剪去弯折处多余的纸。

🍰 以折起后纸不会卡住为基准。

06 折起后放入烤模即可。

POUND CAKE

01

-RECIPE-

布朗尼

Chocolate Brownie

面糊
① 细砂糖 a 10 克
② 朗姆酒 10 克
③ 核桃 117 克
④ 奶油 128 克（软化）
⑤ 玉米糖浆 a 20 克
⑥ 细砂糖 b 117 克
⑦ 全蛋 107 克（常温）
⑧ 蛋黄 25 克（常温）
⑨ 可可粉 18 克
⑩ 杏仁粉 22 克
⑪ 米谷粉 a 47 克
⑫ 泡打粉 4 克

甘纳许 2
⑬ 黑巧克力 a 100 克
⑭ 动物性鲜奶油 a 25 克

甘纳许 1
⑮ 玉米糖浆 b 4 克
⑯ 米谷粉 b 10 克
⑰ 黑巧克力 b 60 克
⑱ 动物性鲜奶油 b 60 克

布朗尼
制作视频

九宫格烤模、电动打蛋器、不锈钢盆、刮刀、玻璃碗、裱花袋、硅胶刷、剪刀、筛网、烤箱、烤盘、微波炉。

前置作业

01 预热烤箱。

02 分别过筛泡打粉、米谷粉 a、杏仁粉与可可粉。

03 将米谷粉 b 过筛。

04 蛋黄与全蛋置于室温下回温。
     🍰 若温度太低在打发时易造成油水分离。

05 奶油提前回温至软化备用。

内馅制作（甘纳许 1）

06 将黑巧克力 b、动物性鲜奶油 b 与玉米糖浆 b 倒入玻璃容器内。

内馅制作（甘纳许 1）

07 以微波炉加热约 20 ~ 30 秒，并用刮刀搅拌均匀。

🍰 注意温度勿过高，否则会造成油水分离。

08 加入已过筛的米谷粉 b，用刮刀搅拌均匀，直至呈现光滑状。

09 倒入裱花袋中，并将尾端打结，稍微降温至浓稠程度。

10 在烘焙布上挤出球状巧克力，放置冷冻凝固，即完成甘纳许 1 制作。

面糊制作

11 将核桃、细砂糖 a 与朗姆酒混合，用手抓拌均匀。

12 平铺于烤盘上，放入预热好的烤箱，以上火 180℃ / 下火 180℃，烤约 5 分钟。

• 甘纳许 2

13 将黑巧克力 a 与动物性鲜奶油 a 倒入玻璃碗内。

14 以微波炉加热约 20 ~ 30 秒，并用刮刀搅拌均匀后，即完成甘纳许 2，备用。

🍰 若巧克力仍是固体的状态，可再次加热，直至巧克力融化，但不可过度加热，以免巧克力烧焦，或造成油水分离。

15 将奶油、玉米糖浆 a 与细砂糖 b 混合后，取电动打蛋器以高速打发至变白。

🍰 奶油打发做法可参考 P.78，中途要一直把面糊用刮刀集中，再继续打发。

16 分次倒入全蛋，并取电动打蛋器以高速打匀。

🍰 蛋液分三次倒入，每次倒入都要确实将蛋液与奶油拌匀，才能再倒下一次。

17 加入蛋黄，并取电动打蛋器以高速打匀。

面糊制作

18 倒入已过筛泡打粉、米谷粉 a、杏仁粉与可可粉，取电动打蛋器以低速拌匀。

19 加入甘纳许 2，以电动打蛋器打匀。

20 加入烤核桃，以刮刀拌匀。

21 将拌匀材料倒入裱花袋中，并将尾端打结，即完成巧克力面糊制作。

组合及烘烤

22 在烤盘内均匀刷上奶油。

🍰 要仔细刷匀脱模才会好脱。

23 取巧克力面糊，并将前端裱花袋用剪刀剪一小洞口。

24 在烤盘内挤出约 1/3 的巧克力面糊。

25 将甘纳许 1 放入巧克力面糊中间。

26 在烤盘内填满巧克力面糊，并覆盖住甘纳许 1。

27 放入预热好的烤箱，以上火 180℃ / 下火 180℃，烤约 15 分钟。

28 出炉后，倒扣脱模放凉后装饰，即可食用。

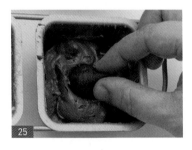

巧克力无花果磅蛋糕

Chocolate & Wine Fig Pound Cake

面糊
① 奶油 82 克（软化）
② 细砂糖 52 克
③ 海藻糖 17 克
④ 蛋黄 34 克（常温）
⑤ 全蛋 55 克（常温）
⑥ 杏仁粉 25 克
⑦ 米谷粉 90 克
⑧ 可可粉 12 克
⑨ 泡打粉 3 克
⑩ 红酒 20 克

红酒无花果
⑪ 无花果干 200 克
⑫ 红酒 400 克
⑬ 蜂蜜 40 克
⑭ 肉桂半根
⑮ 柳橙皮 1 颗
⑯ 柳橙汁半颗

淋面酱
⑰ 黑巧克力 60 克
⑱ 动物性鲜奶油 b 60 克
⑲ 碎可可壳适量

甘纳许
⑳ 动物性鲜奶油 a 30 克
㉑ 55% 巧克力 60 克

巧克力无花果磅蛋糕
制作视频

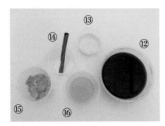
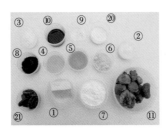

工具 TOOLS

长方形烤模、燃气炉、厚底单柄锅、电动打蛋器、不锈钢盆、刮刀、剪刀、裱花袋、烘焙纸、玻璃碗、
水彩笔、筛网、微波炉。

步骤说明 STEP BY STEP

前置作业

01　预热烤箱。

02　分别过筛泡打粉、杏仁粉、可可粉与米
　　谷粉。

03　在烤模内铺上烘焙纸。
　　🍰 烘焙纸入烤模方法可参考 P.78。

04　蛋黄与全蛋置于室温下回温。
　　🍰 若温度太低打发时易造成油水分离。

05　奶油预先回温软化备用。

红酒无花果制作

06　在空锅中倒入红酒、柳橙汁、蜂蜜、肉
　　桂、无花果干、柳橙皮。

07　以小火炖煮约 35 分钟，放凉，即完成
　　红酒无花果。

08　将红酒无花果，剪成小块，备用。
　　🍰 无花果须先剪蒂头，再剪成块状。

09　将动物性鲜奶油 a 与 55% 巧克力混合。

10　以微波炉加热约 20 ～ 30 秒，并用刮刀搅拌均匀，即完成甘纳许，备用。

🍰 若巧克力仍是固体的状态，可再次加热，直至巧克力融化，但不可过度加热，以免巧克力烧焦，或造成油水分离。

11　将奶油、细砂糖与海藻糖混合，取电动打蛋器以高速打发至变白。

🍰 奶油打发做法可参考 P.76。

12　分次倒入全蛋与蛋黄，并取电动打蛋器以高速打匀。

🍰 蛋液分三次倒入，每次倒入都要确实将蛋液与奶油拌匀，才能再倒下一次。

13　倒入已过筛泡打粉、杏仁粉、可可粉、米谷粉，取电动打蛋器以低速拌匀。

14　加入红酒，搅拌均匀。

15　加入甘纳许，搅拌均匀。

16　加入 120g 剪成块状的红酒无花果，用刮刀拌匀。

17　将拌匀材料倒入裱花袋中，即完成无花果巧克力面糊制作。

18　取无花果巧克力面糊，并将前端裱花袋用剪刀剪一小洞口。

🍰 洞口要大一点避免无花果挤不出来。

19　将面糊挤入模型中，用刮刀将中间压平，两侧抹高一点。

🍰 使中间微凹，烘烤时蛋糕膨胀力会较好。

20　放入预热好的烤箱，以上火 170℃ / 下火 180℃，烤约 35 ～ 40 分钟。

21　出炉后，立刻脱模，将烘焙纸取下，放凉。

淋面酱制作及装饰

22　将动物性鲜奶油 b 与黑巧克力混合。

23　以微波炉加热约 20 ～ 30 秒，并用刮刀搅拌均匀。

24　加入碎可可壳，拌匀后，即完成甘纳许淋面酱，放凉至 30℃ 备用。

25　将巧克力淋面酱淋上蛋糕表面。

26　在巧克力淋面酱上放上剩余剪成块状的红酒无花果，即可食用。

🍰 剩余的红酒无花果，可视个人喜好摆放。

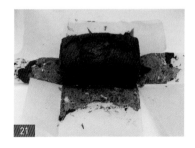

红茶苹果磅蛋糕

Black Tea & Apple Pound Cake

材料 INGREDIENTS

面糊

① 红茶 a 2 包

② 牛奶 15 克

③ 奶油 a 107 克（软化）

④ 细砂糖 68 克

⑤ 海藻糖 23 克

⑥ 蛋黄 45 克（常温）

⑦ 全蛋 73 克（常温）

⑧ 米谷粉 110 克

⑨ 杏仁粉 30 克

⑩ 泡打粉 4 克

⑪ 红茶 b 2 包

肉桂苹果

⑫ 苹果 120 克（切丁）

⑬ 赤砂糖 40 克

⑭ 肉桂粉 2 克

⑮ 蜂蜜 2 克

⑯ 奶油 b 5 克

⑰ 柠檬汁 2 克

红茶苹果磅蛋糕
制作视频

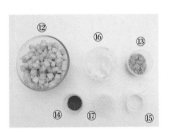

工具 TOOLS

九宫格烤模、燃气炉、厚底单柄锅、电动打蛋器、不锈钢盆、刮刀、剪刀、裱花袋、烘焙纸、玻璃碗、硅胶刷、汤匙、水彩笔、筛网。

步骤说明 STEP BY STEP

前置作业

01 预热烤箱。

02 将红茶 a 与牛奶放入微波炉中加热 20 ~ 30 秒，取出后静置，直至泡出茶味，即完成红茶牛奶。

03 将杏仁粉、泡打粉与米谷粉过筛。

04 蛋黄与全蛋置于室温下回温。

　🍰 若温度太低打发时易造成油水分离。

05 奶油预先回温软化。

肉桂苹果制作

06 将苹果与赤砂糖倒入空锅中，煮至苹果呈微透明状。

　🍰 约 5 分钟，煮至水分收干。

07 加入肉桂粉、蜂蜜、柠檬汁、奶油 b，稍微煮一下，拌匀，即完成肉桂苹果，放凉备用。

面糊制作

08 将奶油 a、海藻糖与细砂糖倒入不锈钢盆中，取电动打蛋器以高速打发至变白。

　🍰 奶油打发做法可参考 P.76。

面糊制作

09 分次倒入全蛋与蛋黄，并取电动打蛋器以高速打匀。

　🍰 蛋液分三次倒入，每次倒入都要确实将蛋液与奶油拌匀，才能再倒下一次。

10 倒入已过筛杏仁粉、泡打粉、米谷粉，取电动打蛋器以低速拌匀。

11 倒入红茶牛奶，再用手挤出茶包中的茶汤后，搅拌均匀。

12 加入肉桂苹果。

　🍰 可预留些许肉桂苹果用于装饰。

13 将红茶 b 滤袋剪开后，加入红茶叶，并用刮刀拌匀。

14 将拌匀材料倒入裱花袋中，即完成红茶苹果面糊制作。

组合及烘烤

15 在烤盘内均匀刷上奶油。

　🍰 要仔细刷匀才会好脱模。

16 取红茶苹果面糊，并将前端裱花袋用剪刀剪一小洞口。

17 将红茶苹果面糊平均挤入模型中。

18 放入预热好的烤箱，以上火 180℃ / 下火 190℃，烤约 25 分钟。

19 出炉后，倒扣脱模，放凉。

20 在蛋糕上放上肉桂苹果装饰后，即可食用。

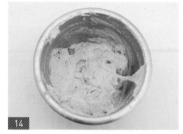

大理石纹磅蛋糕

Marble　Chocolate Pound Cake

① 奶油 105 克（软化）

② 糖粉 112 克

③ 盐 1 克

④ 全蛋 97 克（常温）

⑤ 蛋黄 13 克（常温）

⑥ 牛奶 a 30 克（常温）

⑦ 米谷粉 131 克

⑧ 泡打粉 4 克

⑨ 牛奶 b 12 克（常温）

⑩ 可可粉 8 克

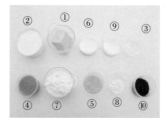

大理石纹磅蛋糕
制作视频

工具 TOOLS

长方形烤模、电动打蛋器、打蛋器、不锈钢盆、刮刀、烘焙纸、电子秤、筛网。

步骤说明 STEP BY STEP

前置作业

01 预热烤箱。

02 分别过筛可可粉、米谷粉与泡打粉。

03 在烤模内铺上烘焙纸。

🍰 烘焙纸入烤模方法可参考 P.78。

04 蛋黄与全蛋置于室温下回温。

🍰 若温度太低打发时易造成油水分离。

05 牛奶 b 要置于室温下回温。

🍰 若温度太低打发时易造成油水分离。

06 奶油预先回温软化备用。

面糊制作

07 将奶油、盐与糖粉混合后，取电动打蛋器以高速打发至变白。

🍰 奶油打发做法可参考 P.76。

08 分次倒入全蛋与蛋黄，并取电动打蛋器以高速打匀。

🍰 蛋液分三次倒入，每次倒入都要确实将蛋液与奶油拌匀，才能再倒下一次。

09 加入牛奶 a，并取电动打蛋器搅拌均匀。

10 分次加入已过筛的米谷粉和泡打粉，并取电动打蛋器以高速打匀，即完成白色面糊。

11 将牛奶 b 与可可粉拌匀，即完成可可酱。

12 取 96 克白色面糊，加入可可酱中，并用刮刀拌匀，即完成黑色面糊。

烘烤及装饰

13 以刮刀为辅助将白色面糊平铺在烤模底部。

14 以刮刀为辅助将黑色面糊平铺在白色面糊上方。

15 以刮刀为辅助将白色面糊平铺在黑色面糊上方。

🍰 不用刻意将面糊刮平，可呈现出更自然纹路。

16 放入预热好的烤箱，以上火 180℃／下火 180℃，烤约 30～35 分钟。

17 出炉后，立刻脱模，将烘焙纸取下，放凉，装饰即可食用。

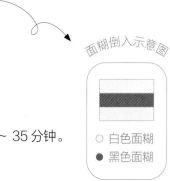

面糊倒入示意图

○ 白色面糊
● 黑色面糊

蔓越莓酸奶磅蛋糕

Cranberry & Yogurt Pound Cake

面糊

① 奶油 85g（软化）

② 细砂糖 54g

③ 海藻糖 18g

④ 蛋黄 36g（常温）

⑤ 全蛋 58g（常温）

⑥ 泡打粉 3g

⑦ 杏仁粉 23g

⑧ 米谷粉 81g

⑨ 无糖酸奶 25g

酒渍蔓越莓干

⑩ 朗姆酒 10g

⑪ 蔓越莓干 50g

淋面酱

⑫ 调温草莓巧克力 40g

⑬ 调温白巧克力 40g

⑭ 动物性鲜奶油 40g

⑮ 草莓碎粒 10g

蔓越莓酸奶磅蛋糕
制作视频

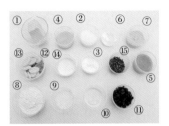

长方形烤模、电动打蛋器、不锈钢盆、刮刀、烘焙纸、玻璃碗、筛网、微波炉。

前置作业

01 预热烤箱。

02 分别过筛泡打粉、杏仁粉与米谷粉。

03 在烤模内铺上烘焙纸。

🍰 烘焙纸入烤模方法可参考 P.78。

04 蛋黄与全蛋置于室温下回温。

🍰 若温度太低打发时易造成油水分离。

05 奶油预先回温软化。

06 将朗姆酒与蔓越莓干混合后，浸泡至少 30 分钟，即完成酒渍蔓越莓干。

面糊制作及烘烤

07 将奶油、海藻糖与细砂糖混合后，取电动打蛋器以高速打发至变白。

🍰 奶油打发做法可参考 P.76。

08 分次倒入全蛋与蛋黄，并取电动打蛋器以高速打匀。

🍰 蛋液分三次倒入，每次倒入都要确实将蛋液与奶油拌匀，才能再倒下一次。

面糊制作及烘烤

09 倒入已过筛泡打粉、杏仁粉、米谷粉，取电动打蛋器以低速拌匀。

10 加入无糖酸奶，并取电动打蛋器搅拌均匀。

11 加入酒渍蔓越莓干，并用刮刀拌匀，即完成蔓越莓面糊。

12 以刮刀为辅助将所有面糊倒入烤模中，并将中间压平，两侧高一点。

🍰 使中间微凹，烘烤时蛋糕膨胀力会较好。

13 放入预热好的烤箱，以上火 180℃ / 下火 180℃，烤约 30 ~ 35 分钟。

14 出炉后，立刻脱模，将烘焙纸取下，放凉。

淋面酱制作及装饰

15 将调温草莓巧克力与调温白巧克力混合。

16 加入动物性鲜奶油后，以微波炉加热约 20 ~ 30 秒，并用刮刀搅拌均匀，即完成草莓甘
    纳许淋面酱，放凉至 30℃ 备用。

🍰 若巧克力仍是固体的状态，可再次加热，直至巧克力融化，但不可过度加热，以免巧克力烧焦，或造
    成油水分离。

17 将草莓甘纳许淋面酱淋上蛋糕表面。

18 在草莓甘纳许淋面酱上撒上草莓碎粒，即可食用。

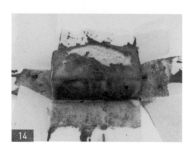

巧克力抹茶磅蛋糕

Chocolate & Matcha Pound Cake

巧克力面糊

① 奶油 a 61 克（软化）

② 细砂糖 a 39 克

③ 玉米糖浆 a 13 克

④ 蛋黄 a 26 克（常温）

⑤ 全蛋 a 42 克（常温）

⑥ 米谷粉 a 58 克

⑦ 杏仁粉 a 20 克

⑧ 泡打粉 a 3 克

⑨ 可可粉 7 克

⑮ 米谷粉 b 58 克

⑯ 杏仁粉 b 16 克

⑰ 泡打粉 b 3 克

⑱ 抹茶粉 10 克

巧克力抹茶磅蛋糕
制作视频

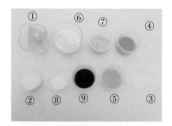

抹茶面糊

⑩ 奶油 b 61 克（软化）

⑪ 细砂糖 b 39 克

⑫ 玉米糖浆 b 13 克

⑬ 蛋黄 b 26 克（常温）

⑭ 全蛋 b 42 克（常温）

工具 TOOLS

长方形烤模、电动打蛋器、不锈钢盆、刮刀、裱花袋、烘焙纸、筛网、剪刀。

步骤说明 STEP BY STEP

前置作业

01 预热烤箱。

02 分别过筛泡打粉 a、杏仁粉 a、可可粉与米谷粉 a。

03 分别过筛泡打粉 b、杏仁粉 b、抹茶粉与米谷粉 b。

04 在烤模内铺上烘焙纸。

　烘焙纸入烤模方法可参考 P.78。

05 蛋黄与全蛋置于室温下回温。

　若温度太低打发时易造成油水分离。

06 奶油预先回温软化。

巧克力面糊制作

07 将奶油 a、细砂糖 a 与玉米糖浆 a 混合后，取电动打蛋器以高速打发至变白。

　奶油打发做法可参考 P.76。

08 分次倒入全蛋 a 与蛋黄 a，并取电动打蛋器以高速打匀。

　蛋液分三次倒入，每次倒入都要确实将蛋液与奶油拌匀，才能再倒下一次。

巧克力面糊制作

09 倒入已过筛泡打粉 a、杏仁粉 a、可可粉与米谷粉 a，取电动打蛋器以低速拌匀。

10 将拌匀材料倒入裱花袋中，即完成巧克力面糊制作。

抹茶面糊制作

11 将奶油 b、细砂糖 b 与玉米糖浆 b 混合后，取电动打蛋器以高速打发至变白。

🍰 奶油打发做法可参考 P.76。

12 分次倒入全蛋 b 与蛋黄 b，并取电动打蛋器以高速打匀。

🍰 蛋液分三次倒入，每次倒入都要确实将蛋液与奶油拌匀，才能再倒下一次。

13 倒入已过筛泡打粉 b、杏仁粉 b、抹茶粉与米谷粉 b，取电动打蛋器以低速拌匀。

14 将拌匀材料倒入裱花袋中，即完成抹茶面糊制作。

烘烤及装饰

15 取巧克力面糊，将前端裱花袋用剪刀剪一小洞口。

16 将巧克力面糊挤入烤模中，并平铺底部。

17 取抹茶面糊，将前端裱花袋用剪刀剪一小洞口。

18 将抹茶面糊挤在巧克力面糊上方。

🍰 顺序为巧克力面糊→抹茶面糊→巧克力面糊→抹茶面糊。

19 放入预热好的烤箱，以上火 180℃ / 下火 180℃，烤约 30~35 分钟。

20 出炉后，立刻脱模，将烘焙纸取下，放凉，装饰即可食用。

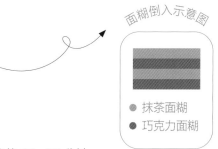

面糊倒入示意图

● 抹茶面糊
● 巧克力面糊

菠萝橙酒磅蛋糕

Pineapple & Orange Pound Cake

面糊

① 奶油 103 克（软化）
② 细砂糖 a 70 克
③ 玉米糖浆 10 克
④ 全蛋 60 克（常温）
⑤ 蛋黄 32 克（常温）
⑥ 米谷粉 100 克

⑦ 杏仁粉 35 克
⑧ 泡打粉 4 克
⑨ 橙酒 10 克

菠萝酱

⑩ 菠萝 90 克
⑪ 细砂糖 b 20 克

⑫ 麦芽 7 克
⑬ 柠檬汁 3 克
⑭ 香草豆荚 1/3 根

淋面酱

⑮ 白巧克力 100 克
⑯ 动物性鲜奶油 50 克

菠萝橙酒磅蛋糕
制作视频

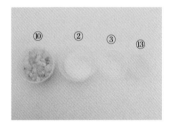

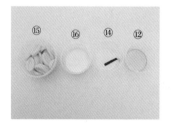

长方形烤模、燃气炉、厚底单柄锅、电动打蛋器、不锈钢盆、刮刀、烘焙纸、筛网、微波炉。

前置作业

01 预热烤箱。

02 分别过筛泡打粉、杏仁粉与米谷粉。

03 在烤模内铺上烘焙纸。

 🍰 烘焙纸入烤模方法可参考 P.78。

04 蛋黄与全蛋置于室温下回温。

 🍰 若温度太低打发时易造成油水分离。

05 奶油预先回温软化。

06 剪开香草豆荚，取出香草籽。

凤梨酱制作

07 将菠萝倒入厚底单柄锅中。

08 加入香草籽、香草豆荚、细砂糖 b、麦芽，煮至菠萝出汁。

 🍰 煮至菠萝呈现透明状。

09 过滤多余水分，加入柠檬汁煮滚后，放凉，即完成菠萝酱，备用。

 🍰 不喜欢酸味的人，可将柠檬汁在一开始就放入，与其他材料一起煮。

09

面糊制作及烘烤

10 将奶油、玉米糖浆与细砂糖 a 混合，取电动打蛋器以高速打发至变白。

　　🍰 奶油打发做法可参考 P.76。

11 分次倒入全蛋与蛋黄，并取电动打蛋器以高速打匀。

　　🍰 蛋液分三次倒入，每次倒入都要确实将蛋液与奶油拌匀，才能再倒下一次。

12 倒入已过筛泡打粉、杏仁粉、米谷粉，取电动打蛋器以低速拌匀。

13 加入橙酒，搅拌均匀，即完成面糊。

14 在烤模内铺上约 1/2 的面糊。

15 加入菠萝酱，并平铺在面糊上。

16 在烤盘内填满面糊，并覆盖住菠萝酱。

17 用刮刀将中间压平，两侧高一点。

　　🍰 使中间微凹，烘烤时蛋糕膨胀力会较好。

18 放入预热好的烤箱，以上火 180℃ / 下火 180℃，烤 30 ~ 35 分钟。

19 出炉后，立刻脱模，将烘焙纸取下，放凉。

淋面酱制作及装饰

20 将动物性鲜奶油与白巧克力混合。

21 以微波炉加热 20 ~ 30 秒，并用刮刀搅拌均匀，即完成巧克力甘纳许淋面酱，放凉至 30℃备用。

　　🍰 若巧克力仍是固体的状态，可再次加热，直至巧克力融化，但不可过度加热，以免巧克力烧焦，或造成油水分离。

22 将巧克力甘纳许淋面酱淋上蛋糕表面，即可食用。

　　🍰 可依个人喜好，选择是否摆放果干在蛋糕表面。

POUND CAKE

08

-RECIPE-

柳橙柚香磅蛋糕

Orange & Pomelo Pound Cake

面糊

① 奶油 121 克（软化）

② 细砂糖 70 克

③ 玉米糖浆 22 克

④ 全蛋 66 克（常温）

⑤ 蛋黄 39 克（常温）

⑥ 米谷粉 103 克

⑦ 杏仁粉 13 克

⑧ 泡打粉 2 克

⑨ 柳橙皮丁 20 克

柳橙柚酱

⑩ 柳橙酱 16 克

⑪ 柚子汁 a 16 克

糖霜

⑫ 糖粉 89 克

⑬ 柚子汁 b 10 克

柳橙柚香磅蛋糕
制作视频

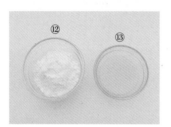

长方形烤模、电动打蛋器、不锈钢盆、刮刀、烘焙纸、水彩笔、筛网、微波炉。

前置作业

01 预热烤箱。

02 分别过筛泡打粉、杏仁粉与米谷粉。

03 在烤模内铺上烘焙纸。

🔺 烘焙纸入烤模方法可参考 P.78。

04 蛋黄与全蛋置于室温下回温。

🔺 若温度太低打发时易造成油水分离。

05 奶油回温软化备用。

柳橙柚酱制作

06 将柳橙酱与柚子汁 a 混合。

🔺 柳橙酱可用果酱替代。

07 以微波炉加热 20 秒后，用刮刀拌匀，即完成柳橙柚酱，备用。

面糊制作及烘烤

08 将奶油、细砂糖与玉米糖浆混合，取电动打蛋器以高速打发至变白。

🔺 奶油打发做法可参考 P.76。

面糊制作及烘烤

09　分次倒入全蛋与蛋黄，并取电动打蛋器以高速打匀。

　　🍰 蛋液分三次倒入，每次倒入都要确实将蛋液与奶油拌匀，才能再倒下一次。

10　倒入已过筛泡打粉、杏仁粉、米谷粉，取电动打蛋器以低速拌匀。

11　加入柳橙柚酱，搅拌均匀。

12　加入柳橙皮丁，用刮刀拌匀，即完成面糊。

13　以刮刀为辅助将所有面糊倒入烤模中，并将中间压平，两侧高一点。

　　🍰 使中间微凹，烘烤时蛋糕膨胀力会较好。

14　放入预热好的烤箱，以上火 180℃ / 下火 180℃，烤约 30 ~ 35 分钟。

15　出炉后，立刻脱模，将烘焙纸取下，放凉。

糖霜制作及装饰

16　将糖粉与柚子汁 b 混合。

17　用刮刀将糖粉与柚子汁 b 拌匀，即完成糖霜。

　　🍰 使用前再制作，避免干掉。

18　在蛋糕体淋上糖霜即可食用。

　　🍰 可视个人喜好，选择是否摆放果干在蛋糕表面。

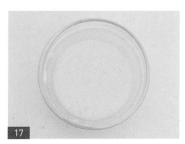

抹茶蔓越莓磅蛋糕

Matcha & Cranberry Pound Cake

面糊

① 奶油 109 克（软化）

② 糖粉 89 克

③ 蛋黄 45 克（常温）

④ 全蛋 74 克（常温）

⑤ 米谷粉 103 克

⑥ 杏仁粉 29 克

⑦ 泡打粉 3 克

⑧ 抹茶粉 a 5 克

⑨ 抹茶酒 5 克

酒渍蔓越莓干

⑩ 朗姆酒 5 克

⑪ 蔓越莓干 25 克

淋面酱

⑫ 白巧克力 80 克

⑬ 抹茶粉 b 8 克

⑭ 动物性鲜奶油 40 克（常温）

抹茶蔓越莓磅蛋糕
制作视频

长方形烤模、电动打蛋器、不锈钢盆、刮刀、烘焙纸、水果刀、保鲜膜、水彩笔、筛网、玻璃碗、微波炉。

前置作业

01 预热烤箱。

02 分别过筛泡打粉、杏仁粉、米谷粉与抹茶粉。

🍰 抹茶粉较易结粒，须多过筛几次。

03 在烤模内铺上烘焙纸。

🍰 烘焙纸入烤模方法可参考 P.78。

04 蛋黄与全蛋置于室温下回温。

🍰 若温度太低打发时易造成油水分离。

05 将朗姆酒与蔓越莓干混合后，浸泡至少 30 分钟，即完成酒渍蔓越莓干。

面糊制作及烘烤

06 将奶油与糖粉混合，取电动打蛋器以高速打发至变白。

🍰 奶油打发做法可参考 P.76。

07 分次倒入全蛋与蛋黄，并取电动打蛋器以高速打匀。

🍰 蛋液分三次倒入，每次倒入都要确实将蛋液与奶油拌匀，才能再倒下一次。

面糊制作及烘烤

08 倒入已过筛米谷粉、杏仁粉、泡打粉、抹茶粉 a，取电动打蛋器以低速拌匀。

09 加入抹茶酒，打匀。

10 加入酒渍蔓越莓干，用刮刀拌匀，即完成面糊。

🍰 可预留些许酒渍蔓越莓干用于装饰。

11 以刮刀为辅助将所有面糊倒入烤模中，并将中间压平，两侧高一点。

🍰 使中间微凹，烘烤时蛋糕膨胀力会较好。

12 放入预热好的烤箱，以上火 180℃ / 下火 180℃，烤约 30 ~ 35 分钟。

13 出炉后，立刻脱模，将烘焙纸取下，放凉，备用。

淋面酱制作及装饰

14 将抹茶粉 b 与白巧克力混合。

15 以微波炉加热约 20 秒，并用刮刀搅拌均匀。

🍰 若巧克力仍是固体的状态，可再次加热，直至巧克力融化，但不可过度加热，以免巧克力烧焦，或造成油水分离。

16 加入微温的动物性鲜奶油，拌匀，即完成抹茶甘纳许淋面酱。

🍰 巧克力与抹茶粉要先拌匀再与鲜奶油拌匀，以避免抹茶粉结粒。

17 在蛋糕体淋上抹茶甘纳许淋面酱。

18 在抹茶甘纳许淋面酱上撒上酒渍蔓越莓干装饰后，即可食用。

CHAPTER 05

乳酪
蛋糕

CHEESE CAKE

饼底制作

01 将细砂糖，过筛后的杏仁粉和米谷粉，奶油倒至工作台面上。

02 双手各拿一刮板切拌成沙粒状后，入模。

🍰 拌到使奶油变成米粒大小即可。

03 以汤匙将入模的材料压紧，即完成饼底。

04 放入预热好的烤箱，以上火 180℃ / 下火 200℃，烤 10 分钟。

05 取出饼底后放凉，即完成饼底制作。

CHEESECAKE

01

-RECIPE-

提拉米苏

Tiramisu

面糊
① 全蛋 133 克（常温）
② 细砂糖 a 60 克
③ 米谷粉 63 克
④ 可可粉 14 克
⑤ 泡打粉 5 克

咖啡酒糖液
⑥ 咖啡液 100 克
⑦ 细砂糖 b 17 克
⑧ 白兰地 15 克
⑨ 咖啡酒 8 克

慕斯馅
⑩ 动物性鲜奶油 500 克
⑪ 马斯卡彭乳酪 500 克
⑫ 蛋黄 100 克
⑬ 吉利丁片 12.5 克（泡冰水）
⑭ 细砂糖 c 90 克
⑮ 水 80 克

提拉米苏
制作视频

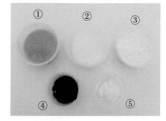 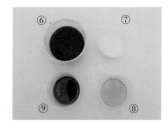 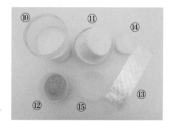

铝箔模型、塔圈（6 厘米）、燃气炉、厚底单柄锅、电动打蛋器、不锈钢盆、刮刀、刮板、烘焙布、
烤盘、硅胶刷、剪刀、裱花袋、筛网、玻璃罐、微波炉。

前置作业

01 预热烤箱。
02 在烤盘上铺上烘焙布。
03 将泡打粉、可可粉与米谷粉过筛。
04 马斯卡彭乳酪常温放软，备用。
05 吉利丁以冰水泡软，挤出多余的冰水
    后，用微波炉加温或隔水加温融化
    备用。

🍰 冰水须用饮用水，勿用生水。

面糊制作及烘烤

06 将全蛋与细砂糖 a 倒入不锈钢盆中，
    取电动打蛋器以高速打发变白。

🍰 全蛋打发做法可参考 P.41。

07 加入已过筛的泡打粉、可可粉与米谷
    粉，以刮刀翻拌至看不见粉粒，即完
    成面糊。

🍰 因巧克力有油脂，容易消泡，建议搅拌时
    轻而快。

08 将面糊倒入烤盘中，并用刮板抹平
    面糊。

09 放入预热好的烤箱，以上火 190℃ /
    下火 180℃，烤约 10 ~ 15 分钟。

10 出炉后，放凉，备用。

11　将咖啡液、细砂糖 b、白兰地、咖啡酒混合。

12　以刮刀拌匀至糖溶，即完成咖啡酒糖液制作。

慕斯馅制作

13　将动物性鲜奶油倒入不锈钢盆，以电动打蛋器打至六分发，呈奶昔状后，冷藏备用。

　　🍰 若是在组装馅料前制作，则可不冷藏。

14　将水、细砂糖 c 煮滚。

　　🍰 煮糖水时不要搅拌，会返砂。

　　同时　以电动打蛋器将蛋黄高速打发。

15　将糖水冲入蛋黄中，并持续打发至完全凉。

　　🍰 一边打发一边冲入。

16　分次加入马斯卡彭乳酪，并以低速持续打发。

17　加入步骤 16 打至六分发的动物性鲜奶油，以刮刀拌匀。

18　加入已融化的吉利丁，拌匀，即完成慕斯馅。

组合

19　以塔圈为辅助，压出圆形蛋糕体。

　　🍰 烤好的蛋糕体先裁切到想要的大小备用。

20　将圆形蛋糕体放入铝箔模型中。

21　在圆形蛋糕体上方刷上咖啡酒糖液。

　　🍰 可依个人喜好增减量。

22　将慕斯馅装入裱花袋中，使用前再用剪刀在尖端剪一开口。

23　在铝箔模型中，填满慕斯馅。

24　放入冰箱中，冷冻定型。

25　定型后取出，在表面撒上可可粉，即可食用。

南瓜乳酪蛋糕

Pumpkin Cheesecake

工具 TOOLS

6 英寸圆形烤模、电动打蛋器、不锈钢盆、刮刀、刮板、烘焙布、汤匙、筛网、蛋糕铲、玻璃碗、蒸炉。

南瓜乳酪
制作视频

饼底
① 奶油 40 克
② 杏仁粉 40 克
③ 细砂糖 a 40 克
④ 米谷粉 43 克

蜜南瓜丁
⑤ 水 40 克
⑥ 细砂糖 b 40 克
⑦ 麦芽 10 克
⑧ 南瓜丁 60 克

南瓜乳酪馅
⑨ 奶油乳酪 390 克
⑩ 细砂糖 c 120 克
⑪ 全蛋 70 克
⑫ 蛋黄 36 克
⑬ 南瓜粉 10 克

⑭ 米谷粉 13 克
⑮ 酸奶 65 克
⑯ 朗姆酒 15 克
⑰ 南瓜泥 80 克

装饰
⑱ 南瓜片 5 ~ 6 片

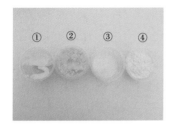 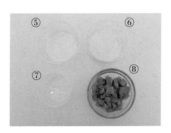 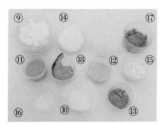

前置作业

01 预热烤箱。
02 奶油切丁后冷藏。
03 将南瓜粉、米谷粉过筛。
04 在模型边缘放入烘焙布。
05 奶油乳酪常温放软，备用。
06 蜜南瓜丁做法：将南瓜丁、细砂糖 b、
   麦芽与水放入玻璃碗中，放入蒸炉蒸
   20 分钟，将多余水分过筛，即完成
   蜜南瓜丁，放凉，取 45 克备用。

🍰 可以大火隔水加热代替蒸炉加热。

饼底制作

07 将细砂糖 a、杏仁粉、米谷粉与奶油
   倒至工作台面上。
08 双手各拿一刮板切拌后，入模。

🍰 拌到使奶油变成米粒大小即可。

09 以汤匙将入模的材料压紧，即完成
   饼底。
10 放入预热好的烤箱，以上火 180℃ /
   下火 200℃，烤 10 分钟。
11 取出饼底，放凉，备用。

南瓜乳酪馅制作

12　将奶油乳酪、细砂糖 c 倒入不锈钢盆中，取电动打蛋器以低速搅拌。

13　加入全蛋、蛋黄、酸奶、南瓜泥，搅拌均匀。

14　加入已过筛的米谷粉、南瓜粉，搅拌均匀。

15　加入朗姆酒搅拌均匀，即完成南瓜乳酪馅。

组合及烘烤

16　在饼底撒上蜜南瓜丁，再倒入南瓜乳酪馅至蛋糕模的 1/3 处。

17　撒上蜜南瓜丁。

18　倒入南瓜乳酪馅至八分满后，再次撒上蜜南瓜丁。

19　倒入剩下馅料后，用刮刀稍微刮平表面。

20　摆上南瓜片。

21　放入预热好的烤箱，以上火 150℃ / 下火 150℃，烤 55 ~ 60 分钟。

22　取出，将蛋糕模置于杯状物体上方。

🍰 运用杯状物体垫高蛋糕模，可利于脱模。

23　放凉，脱模，并取下烘焙布，即可食用。

03

CHEESECAKE

-RECIPE-

白乳酪蛋糕

Fromage Blanc Cheesecake

材料 INGREDIENTS

饼底

① 奶油 40 克

② 细砂糖 a 40 克

③ 杏仁粉 40 克

④ 米谷粉 43 克

乳酪馅

⑤ 白巧克力 80 克

⑥ 动物性鲜奶油 65 克

⑦ 奶油乳酪 130 克

⑧ 白乳酪 130 克

⑨ 细砂糖 b 40 克

⑩ 全蛋 60 克

⑪ 黄柠檬汁 1 颗

⑫ 黄柠檬皮适量

装饰

⑬ 红樱桃酱适量

⑭ 开心果碎适量

白乳酪蛋糕
制作视频

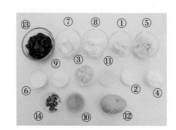

工具 TOOLS

慕斯模（9厘米）、电动打蛋器、不锈钢盆、刮刀、刮板、烘焙布、汤匙、水彩笔、蛋糕铲、微波炉、刨刀器。

步骤说明 STEP BY STEP

前置作业

01　预热烤箱。

02　在模型边缘放入烘焙布。

03　奶油切丁后冷藏。

04　奶油乳酪常温放软，备用。

饼底制作

05　将杏仁粉、米谷粉、细砂糖 a 与奶油倒至工作台面上。

06　双手各拿一刮板切拌后，入模。

　　🍰 拌到使奶油变成米粒大小即可。

07　用汤匙将入模的材料压紧，即完成饼底。

08　放入预热好的烤箱，以上火 180℃ / 下火 200℃，烤 10 分钟。

09　取出饼底，放凉，备用。

乳酪馅制作

10　将白巧克力与动物鲜奶油混合后，以微波炉加热至巧克力融化，即完成甘纳许，备用。

　　🍰 加热约 20 ～ 30 秒即可。

11　将奶油乳酪、白乳酪、细砂糖 b 倒入不锈钢盆中，取电动打蛋器以低速搅拌。

12　加入全蛋、甘纳许，搅拌均匀。

13　加入黄柠檬汁，用刮刀搅拌均匀。

14　用刨刀器刨出黄柠檬皮，并用刮刀搅拌均匀后，即完成乳酪馅。

组合及烘烤

15　在饼底上方倒入乳酪馅，并用刮刀稍微刮平表面。

16　将慕斯模往桌面震一下，使乳酪馅表面更平整。

17　放入预热好的烤箱，以上火 130℃ / 下火 130℃，烤 20 ～ 25 分钟。

18　出炉后，放凉，脱模。

19　放上红樱桃酱，并撒上开心果碎装饰，即可食用。

CHEESECAKE
04
-RECIPE-

抹茶乳酪塔
Matcha Cheese Tart

饼底
① 糖粉 13 克
② 杏仁粉 40 克
③ 米谷粉 a 132 克
④ 奶油 106 克
⑤ 全蛋 40 克

抹茶乳酪馅
⑥ 奶油乳酪 155 克
⑦ 细砂糖 a 36 克
⑧ 蛋黄 22 克
⑨ 动物性鲜奶油 87 克

⑩ 米谷粉 b 19 克
⑪ 抹茶粉 8 克
⑫ 蛋白 43 克
⑬ 细砂糖 b 31 克

抹茶乳酪塔
制作视频

慕斯模（9厘米）、电动打蛋器、打蛋器、不锈钢盆、刮刀、刮板、电子秤、烘焙布、擀面棍、
烤盘、蛋糕铲、筛网。

前置作业

01 预热烤箱。
02 在模型边缘放入烘焙布。
03 将米谷粉 b、抹茶粉过筛。
04 奶油常温软化，备用。
05 奶油乳酪常温放软，备用。

饼底制作

06 将米谷粉 a、糖粉与杏仁粉在工作台面上筑粉墙。
07 在粉墙中间倒入全蛋与奶油，用刮板切拌均匀，即完成面团。
08 取 1/3 面团，用擀面棍擀平，擀出模型底部的大小后，入模。

09 在桌上及面团上撒上些许手粉（米谷粉），取剩下 2/3 面团用手搓成长条形，长度约为慕丝圈的圆周。

🍰 撒上手粉（米谷粉）较不易粘连。

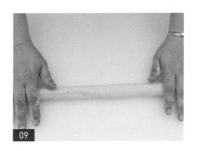

饼底制作

10　将长条形面团放入模型边缘，并用手按压至布满烤模侧边。

11　放入冰箱，冷冻定型，待内馅完成后再取出。

内馅制作

12　将奶油乳酪，以刮刀拌软。

13　分别加入细砂糖 a、蛋黄、动物性鲜奶油，用打蛋器拌匀。

14　加入米谷粉 b 与抹茶粉，拌匀，即完成抹茶乳酪馅。

15　将蛋白与细砂糖 b 分两次倒入不锈钢盆，打发成蛋白霜，并打至湿性发泡。

　　🍰 蛋白霜做法可参考 P.26。

16　取 1/2 的蛋白霜加入抹茶乳酪馅中，以刮刀拌匀。

17　将剩余蛋白霜倒入继续搅拌均匀。

烘烤及装饰

18　拿出冰箱的塔皮，倒入内馅。

19　用刮刀抹平表面。

20　放入预热好的烤箱，以上火 160℃ / 下火 200℃，烤 25 ~ 30 分钟。

21　出炉后，放凉，脱模，即可食用。

CHEESECAKE

05

-RECIPE-

纽约重乳酪蛋糕

New York Cheesecake

工具 TOOLS

6英寸圆形烤模、电动
打蛋器、不锈钢盆、刮
刀、刮板、烘焙布、汤
匙、蛋糕铲。

材料 INGREDIENTS

饼底
①米谷粉a 43克
②杏仁粉 40克
③细砂糖a 40克
④奶油 40克

乳酪馅
⑤奶油乳酪 334克
⑥细砂糖b 67克
⑦酸奶 100克
⑧全蛋 37克
⑨动物性鲜奶油 55克
⑩米谷粉b 30克
⑪牛奶 80克

前置作业

纽约重乳酪蛋糕
制作视频

01 预热烤箱。

02 在模型边缘放入烘焙布。

03 奶油乳酪常温放软，备用。

饼底制作

04 将细砂糖 a、杏仁粉、米谷粉 a 与奶油倒至工作台面上。

05 双手各拿一刮板切拌后，入模。

🍰 切拌到使奶油变成米粒大小即可。

06 用汤匙将入模的材料压紧，即完成饼底。

07 放入预热好的烤箱，以上火 180℃ / 下火 200℃，烤 10 分钟。

08 取出饼底，放凉，备用。

乳酪馅制作

09 将奶油乳酪、细砂糖 b 倒入不锈钢盆中，取电动打蛋器
以低速搅拌。

10 加入全蛋、酸奶、动物性鲜奶油、牛奶，搅拌均匀。

11 加入米谷粉 b，搅拌均匀，即完成乳酪馅。

06

组合及烘烤

12 在饼底上方倒入乳酪馅，并用刮刀稍微刮平表面。

13 将烤模往桌面震一下，使乳酪馅表面更平整。

14 放入预热好的烤箱，以上火 180℃ / 下火 200℃，烤 30
分钟。

15 取出，将蛋糕模置于杯状物体上方。

🍰 运用杯状物体垫高蛋糕模，可利于脱模。

16 放凉，脱模，并取下烘焙布，即可食用。

12

16

CHAPTER 06

塔类

TARTS

塔皮制作

01 | 甜塔皮

01 在食物调理机中倒入米谷粉、糖粉、杏仁粉、奶油后，打至呈现粉粒状。

🍰 所有粉类须冷冻保存，奶油须切 1 立方厘米小块冷藏，全蛋也须冷藏保存。

02 加入全蛋，搅拌均匀。

03 将步骤 2 材料倒入塑胶袋中，搓揉成团，直到看不到粉粒，即完成面团制作。

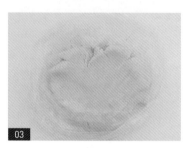

02 | 咸塔皮

01 在食物调理机中倒入米谷粉、盐、奶油后，打至呈现粉粒状。

🍰 所有粉类须冷冻保存，奶油须切 1 立方厘米小块冷藏。

02 加入牛奶，搅拌均匀。

03 将步骤 2 材料倒入塑胶袋中，搓揉成团，直到看不到粉粒，即完成面团制作。

01
-RECIPE-

蓝莓乳酪塔

Blueberry & Cheese Tart

塔皮
① 米谷粉 a 100 克（冷冻）
② 杏仁粉 a 22 克（冷冻）
③ 糖粉 a 42 克（冷冻）
④ 盐 1 克
⑤ 奶油 a 64 克（冷藏）
⑥ 全蛋 a 22 克

杏仁奶油
⑦ 奶油 b 52 克（软化）
⑧ 全蛋 b 52 克
⑨ 杏仁粉 b 52 克
⑩ 朗姆酒 b 10 克
⑪ 糖粉 b 52 克
⑫ 米谷粉 b 20 克

蓝莓酱
⑬ 赤砂糖 60 克

⑭ 蓝莓 100 克
⑮ 朗姆酒 a 10 克

乳酪慕斯
⑯ 奶油乳酪 125 克
⑰ 动物性鲜奶油 130 克
⑱ 吉利丁 4 克（泡冰水）
⑲ 柠檬汁 5 克
⑳ 细砂糖 52 克
㉑ 无糖酸奶 50 克

蓝莓乳酪塔
制作视频

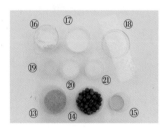
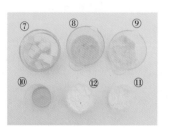

菊花塔模（9厘米）、慕斯模（9厘米）、食物调理机、燃气炉、厚底单柄锅、打蛋器、不锈钢盆、刮刀、擀面棍、保鲜膜、抹刀、烤盘、塑胶袋、铁盘、筛网、毛巾。

前置作业

01 预热烤箱。

02 将保鲜膜顺着慕斯模，覆盖住底部。

03 奶油 a 切丁后冷藏；奶油 b 切丁后常温回软。

04 吉利丁以冰水泡软，挤出多余的冰水后，直接微波或隔热水融化备用。
　🖑 冰水须用饮用水，勿用生水。

05 粉类材料前一晚须放置冷冻备用。

06 奶油冷藏备用。

塔皮制作

07 在食物调理机中倒入米谷粉 a、糖粉 a、杏仁粉 a、盐、奶油 a 后，打至呈现粉粒状。

08 加入全蛋 a，搅拌均匀。

09 将步骤 8 材料倒入塑胶袋中，搓揉成团，直到看不到粉粒，即完成面团制作。

塔皮制作

10 在桌上及面团上撒上些许手粉（米谷粉），再用擀面棍将面团擀平至比菊花塔模大一些。

🍰 撒上手粉（米谷粉）较不易粘连。

11 入模，并顺着菊花塔模，将面团贴合模具，即完成塔皮制作。

🍰 塔皮厚度约 0.5 厘米。

12 用擀面棍擀去多余塔皮后，放入冰箱冷冻 10 分钟，定型。

🍰 冷冻至表面变硬即可。

杏仁奶油制作

13 将奶油 b 放入不锈钢盆中，用打蛋器稍微打散。

14 加入米谷粉 b，搅拌均匀。

15 加入全蛋 b，搅拌均匀。

16 加入杏仁粉 b、糖粉 b，搅拌均匀。

17 加入朗姆酒 b，用刮刀搅拌均匀，即完成杏仁奶油。

塔皮组装及烘烤

18 取出冰箱中的塔皮，并用刮刀为辅助，将杏仁奶油填入塔皮表面。

🍰 不用填太满，以免过度膨胀。

19 放入预热好的烤箱，以上 / 下火 180℃烤约 10 分钟。

🍰 出炉后等降温再脱模。

20 将烤好的塔皮取出，放凉备用。

蓝莓酱制作

21 将蓝莓、赤砂糖倒入锅中，以小火将赤砂糖煮至稍溶。

22 用刮刀搅拌蓝莓和赤砂糖，并将蓝莓压出果肉，继续煮至浓稠。

23 加入朗姆酒，拌匀，即完成蓝莓酱，放凉，备用。

乳酪慕斯制作

24 将动物性鲜奶油以打蛋器打至六分发后，冷藏备用。

25 将奶油乳酪用刮刀拌软。

26 分别加入细砂糖、无糖酸奶与柠檬汁，用刮刀搅拌均匀。

27 加入步骤 25 的动物性鲜奶油，搅拌均匀，再加入融化好的吉利丁，即完成乳酪慕斯。

组装

28 将乳酪慕斯填入慕斯模 1/2 处后，铺上蓝莓酱。

29 填入剩余 1/2 的乳酪慕斯，用刮刀刮平表面，置入冰箱冷冻定型。

30 将放凉的塔皮脱模。

31 取出冷冻定型后的乳酪慕斯，先撕掉保鲜膜，再以热毛巾敷于周围，会较易脱模。

32 将脱模后的乳酪慕斯放在塔皮上方。

33 在乳酪慕斯上方放上蓝莓装饰，即可食用。

◢ 可依个人喜好在乳酪慕斯上方撒上些许糖粉，或加入碎柠檬皮增加风味。

TARTS

02

-RECIPE-

莓果塔

Berry Tart

塔皮

① 奶油 64 克（冷藏）

② 全蛋 a 22 克（冷藏）

③ 盐 1 克

④ 米谷粉 a 100 克（冷冻）

⑤ 杏仁粉 22 克（冷冻）

⑥ 糖粉 42 克（冷冻）

草莓卡士达

⑦ 牛奶 38 克

⑧ 草莓果泥 92 克

⑨ 细砂糖 a 28 克

⑩ 全蛋 b 11 克

⑪ 蛋黄 22 克

⑫ 细砂糖 b 21 克

⑬ 米谷粉 b 11 克

蓝莓乳酪

⑭ 奶油乳酪 110 克

⑮ 细砂糖 c 18 克

⑯ 动物性鲜奶油 23 克

⑰ 蓝莓果酱 20 克

装饰

⑱ 草莓适量

⑲ 蓝莓适量

莓果塔
制作视频

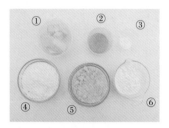

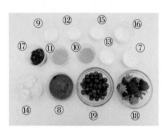

塔圈（6 厘米）、食物调理机、燃气炉、厚底单柄锅、打蛋器、不锈钢盆、刮刀、塑胶袋、擀面棍、水果刀、长尺、硅胶刷、剪刀、重石、油力士蛋糕纸、烤盘、裱花袋、OPP 塑胶纸。

前置作业

01　预热烤箱。

02　在烤盘上铺上烘焙纸。

03　草莓切除蒂头、切半（不须清洗，可喷食物消毒剂后擦干净，或是清洗后快速仔细擦干，才不易太快烂）。

04　在塔圈内侧涂抹奶油，会比较好脱模。

05　粉类材料前一晚须放置冷冻备用。

06　奶油切小丁冷藏备用。

07 在食物调理机中倒入米谷粉 a、糖粉、杏仁粉、盐、奶油后，打至呈现粉粒状。

08 加入全蛋 a，搅拌均匀。

09 将步骤 8 材料倒入塑胶袋中，搓揉成团，直到看不到粉粒，即完成面团制作。

10 用 OPP 塑胶纸包覆住面团后，用擀面棍将面团擀平，厚度约 0.3 厘米。

　　🍰 可在面团两侧放金属尺，以确定面团厚薄均匀。

11 放置冷冻库，冷冻静置约 20 分钟定型，再从冷冻库取出。

　　🍰 冷冻至表面变硬即可。

12 用刀子切出长条形面团，宽度以塔圈宽度为主。

13 将长条形面团放入塔圈内侧，并用手按压将面团接合点压平。

14 承步骤 13，用塔圈压出圆形面团，做出塔皮的底部。

15 用刀子将高于塔圈的面团修掉后，将塔圈放在烤盘上。

16 在塔圈的面团上方放上油力士蛋糕纸后，放入重石。

　　🍰 压上重石避免塔皮过度膨胀。

17 放入预热好的烤箱，以上 / 下火 180℃，烤 12 分钟。

18 出炉后，取出重石，放入烤箱中，以上 / 下火 180℃，烤至上色。

19 在塔皮表面均匀刷上蛋黄液，再以上 / 下火 180℃烤 5 分钟上色后，脱模，放凉备用。

　　🍰 蛋黄液可隔绝内馅，以避免因内馅的水分导致塔皮软化。

草莓卡士达制作

20　将草莓果泥、牛奶、细砂糖 a 倒入锅中，拌匀，以小火煮至锅边冒泡。

21　将全蛋 b、蛋黄、细砂糖 b 与米谷粉 b 混合后，用打蛋器拌匀，即完成蛋黄糊，备用。

22　将步骤 20 冲入步骤 21 的材料中，一边冲入一边搅拌，避免高温让蛋熟掉，拌匀。

23　承步骤 22，倒回锅中煮至浓稠。

24　熄火，倒入另一空锅中，表面盖上保鲜膜（须把保鲜膜紧贴卡士达酱），降温，即完成草莓卡士达。

　　🍰 若保鲜膜不紧贴，可能造成水珠滴入卡士达酱，导致腐败。

25　将草莓卡士达装入裱花袋中，备用。

蓝莓乳酪制作

26　将奶油乳酪，用刮刀拌软。

27　分别加入细砂糖 c、动物性鲜奶油、蓝莓果酱，用刮刀搅拌均匀，即完成蓝莓乳酪。

28　将蓝莓乳酪装入裱花袋中，备用。

组装

29　在塔皮内填入 1/2 高的蓝莓乳酪。

30　取草莓卡士达，填满塔皮。

31　在草莓卡士达上方，放上草莓、蓝莓，装饰，即可食用。

　　🍰 草莓若清洗易烂，建议喷上食物消毒剂并擦拭就好。

TARTS

03

-RECIPE-

苹果塔

Apple Tart

塔皮

① 盐 2 克

② 糖粉 66 克（冷冻）

③ 全蛋 33 克（冷藏）

④ 奶油 a 96 克（冷藏）

⑤ 杏仁粉 33 克（冷冻）

⑥ 米谷粉 a 150 克（冷冻）

苹果塔
制作视频

馅料

⑦ 苹果 2 颗（切丁）

⑧ 奶油 b 10 克

⑨ 赤砂糖 50 克

⑩ 肉桂粉 1~2 克

⑪ 蜂蜜 6 克

⑫ 柠檬汁 12 克

⑬ 米谷粉 b 8 克

⑭ 白兰地 20 克

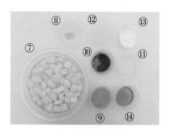

菊花塔模（9 厘米）、食物调理机、燃气炉、厚底单柄锅、刮刀、塑胶袋、擀面棍、刮板、硅胶刷、抹刀、长尺、OPP 塑胶纸。

前置作业

01 预热烤箱。

02 在烤盘上铺上烘焙纸。

03 奶油切丁后冷藏；苹果切丁。

04 柠檬汁、米谷粉与白兰地拌匀备用。

05 粉类材料前一晚须放置冷冻备用。

塔皮制作

06 在食物调理机中倒入米谷粉 a、糖粉、杏仁粉、盐、奶油 a 后，打至呈现粉粒状。

07 加入全蛋，搅拌均匀。

08 将步骤 7 材料倒入塑胶袋中，搓揉成团，直到看不到粉粒，即完成面团制作。

09 将面团分成两等份。

10 在桌上及面团上撒上些许手粉（米谷粉），取其中一份面团，再用擀面棍将面团擀平至比菊花塔模大。

🍰 撒上手粉（米谷粉）较不易粘连。
面团厚度约 0.3 ~ 0.5 厘米。

11 入模，并顺着菊花塔模，将面团贴合模具，即完成塔皮制作。

塔皮制作

12 用擀面棍去除多余塔皮后，放入冰箱冷冻 10 分钟，定型。

　　冷冻至表面变硬即可。

13 取步骤 9 另一份面团，放在 OPP 塑胶纸上，并用擀面棍压平，厚度约 0.3 厘米。

14 将面团放入冰箱冷冻，定型 10 分钟后取出，并用刮板切出 1~2 厘米的长条形面团，备用。

馅料制作

15 将苹果、奶油 b、赤砂糖倒入锅中，用刮刀搅拌后后，并煮至呈透明状。

16 加入肉桂粉、蜂蜜、白兰地，拌匀。

17 将柠檬汁倒入米谷粉 b 中，用刮刀搅拌均匀

　　米谷粉容易结粒，可先与液体材料拌匀后再加入锅中拌炒。

18 在锅中加入步骤 17 的材料，拌匀后，即完成苹果馅，放凉备用。

烘烤及装饰

19 先将塔皮从冷冻室取出，再将苹果馅放入塔皮中。

20 在塔皮边缘涂上蛋液。

21 将长条形面团以格子状交错铺平。

22 去除多余长条形面团后，在表面刷上蛋液。

23 放入预热好的烤箱，以上 / 下火 180℃烤约 12 ~ 15 分钟。

24 出炉，脱模，即可食用。

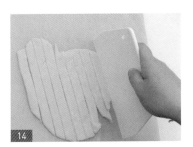

TARTS

04

-RECIPE-

乳酪塔

Cheese Tart

塔皮

① 盐 2 克

② 牛奶 27 克（冷藏）

③ 米谷粉 a 100 克（冷冻）

④ 奶油 a 80 克（冷藏）

杏仁奶油

⑤ 全蛋 a 13 克

⑥ 朗姆酒 3 克

⑦ 奶油 b 13 克（软化）

⑧ 杏仁粉 13 克

⑨ 糖粉 13 克

⑩ 米谷粉 b 5 克

乳酪馅

⑪ 奶油乳酪 100 克

⑫ 细砂糖 30 克

⑬ 全蛋 b 11 克

⑭ 动物性鲜奶油 40 克

⑮ 米谷粉 c 9 克

⑯ 柠檬汁 10 克

乳酪塔
制作视频

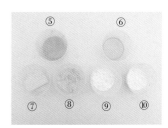
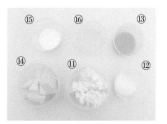

菊花塔模（9 厘米）、食物调理机、打蛋器、不锈钢盆、刮刀、塑胶袋、电子秤、裱花袋、剪刀、烤盘。

前置作业

01　预热烤箱。

02　奶油切丁后冷藏。

03　粉类材料前一晚须放置冷冻备用。

塔皮制作

04　在食物调理机中倒入米谷粉 a、盐、奶油 a 后，打至呈现粉粒状。

05　加入牛奶，搅拌均匀。

06　将步骤 5 材料倒入塑胶袋中，搓揉成团，直到看不到粉粒，即完成面团制作。

07　将面团分成六等份，并用手将面团搓揉成可入模的大小。

08　入模，并顺着塔模将面团压平，即完成塔皮制作。

🍰 可准备一些手粉（米谷粉）沾手，在搓揉并整形面团时，较不易粘手。

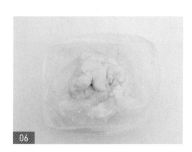

06

杏仁奶油制作

09 将奶油 b、糖粉放入不锈钢盆中，用刮刀稍微拌匀。

10 加入全蛋 a，搅拌均匀。

11 加入杏仁粉、米谷粉 b，搅拌均匀。

12 加入朗姆酒，用刮刀搅拌均匀，即完成杏仁奶油。

乳酪馅制作

13 将奶油乳酪倒入不锈钢盆中，用刮刀稍微压拌。

14 加入细砂糖，搅拌均匀。

15 加入全蛋 b，搅拌均匀。

16 加入动物性鲜奶油，搅拌均匀。

17 加入米谷粉 c，搅拌均匀。

18 加入柠檬汁，搅拌均匀，即完成乳酪馅。

组合及烘烤

19 将杏仁奶油装入裱花袋中，并用剪刀在尖端剪一开口。

20 将杏仁奶油挤入塔模底部。

🍰 杏仁奶油挤薄薄一层就好，不要挤太多。

21 放入预热好的烤箱，以上 / 下火 200℃，烤 11 分钟。

22 将乳酪馅装入裱花袋中，并用剪刀在尖端剪一开口。

23 将乳酪馅填满步骤 21 烤好的塔皮中间，再以上 / 下火 200℃，烤 5 分钟。

24 出炉，放凉后，脱模，即可食用。

TARTS

05

-RECIPE-

生巧克力樱桃塔

Chocolate Tart

塔皮

① 杏仁粉 35 克（冷冻）

② 牛奶 a 20 克（冷藏）

③ 细砂糖 a 30 克（冷冻）

④ 可可粉 10 克（冷冻）

⑤ 米谷粉 95 克（冷冻）

⑥ 奶油 a 60 克（冷藏）

甘纳许

⑦ 动物性鲜奶油 110 克

⑧ 55% 黑巧克力 70 克

⑨ 70% 黑巧克力 70 克

⑩ 奶油 c 30 克（常温放软）

⑪ 樱桃酒 14 克

巧克力脆片

⑫ 巴芮脆片 50 克

⑬ 牛奶巧克力 35 克

焦糖脆片

⑭ 细砂糖 b 38 克

⑮ 牛奶 b 15 克

⑯ 玉米糖浆 13 克

⑰ 奶油 b 30 克

⑱ 黑巧克力 5 克

⑲ 可可碎粒 14 克

⑳ 榛果粉 19 克

生巧克力樱桃塔
制作视频

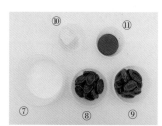
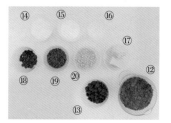

塔圈（6 厘米）、食物调理机、刮刀、塑胶袋、刮板、擀面棍、抹刀、重石、烘焙布、微波炉、电子秤、厚底单柄锅、燃气炉。

前置作业

01 预热烤箱。

02 奶油 a 切丁后冷藏；奶油 b 切丁后放软。

03 在烤盘上铺上烘焙布。

04 粉类材料前一晚须放置冷冻备用。

塔皮制作

05 在食物调理机中倒入米谷粉、可可粉、杏仁粉、细砂糖 a、奶油 a 后，打至呈现粉粒状。

06 加入牛奶 a，搅拌均匀。

塔皮制作

07　将步骤 6 材料倒入塑胶袋中，搓揉成团，直到看不到粉粒，即完成面团制作。

08　将面团平分成四等份。

09　在桌上及面团上撒上些许手粉（米谷粉），再用擀面棍将面团擀平至比烤模大。

　　撒上手粉（米谷粉）较不易粘连。

10　入模，并顺着模具将面团贴合模具，并用抹刀将模具上方过多的面团刮除，即完成塔皮制作。

11　放入冰箱冷冻 10 分钟，定型。

　　冷冻至表面变硬即可。

巧克力脆片制作

12　将牛奶巧克力放入微波炉加热约 20 秒，再用刮刀拌匀。

13　加入巴芮脆片，拌匀，即完成巧克力脆片。

焦糖脆片制作

14　在空锅中倒入奶油 b、牛奶 b、细砂糖 b、玉米糖浆，用刮刀边拌边煮至沸腾。

15　倒入可可碎粒、榛果粉与黑巧克力，拌匀，即完成面糊。

16　将面糊倒在烘焙布上，并以上／下火 170℃，烤 10 分钟。

17　出炉后，放凉后，用手捏成小块，即完成焦糖脆片。

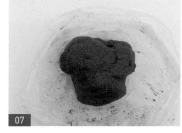

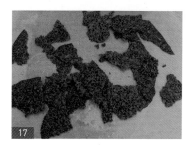

烘烤

18 取出冰箱中的塔皮，在烤模的面团上方放上烘焙纸后，放上重石。

    ◢ 压上重石避免塔皮过度膨胀。

19 放入预热好的烤箱，以上火 200℃ / 下火 210℃，烤约 8 分钟。

20 出炉后，取出重石，放入烤箱中，以上火 200℃ / 下火 210℃，烤至上色。

21 出炉后，放凉并脱模。

甘纳许制作

22 将动物性鲜奶油、55% 黑巧克力与 70% 黑巧克力混合。

23 以微波炉加热约 20 秒，并用刮刀搅拌均匀。

    ◢ 若巧克力仍是固体的状态，可再次加热，直至巧克力融化，但不可过度加热，以免巧克力烧焦，或造
      成油水分离。

24 加入奶油 c，拌至融化。

25 加入樱桃酒，拌匀，即完成甘纳许制作。

组装

26 脱模，在塔皮内放入巧克力脆片。

27 倒入甘纳许，填满塔皮。

    ◢ 可再加入酒渍樱桃粒，以增加风味。

28 将焦糖脆片斜插入甘纳许内，待甘纳许凝固，即可食用。

法式柠檬塔

Lemon Tart

塔皮

① 糖粉 70 克（冷冻）

② 杏仁粉 85 克（冷冻）

③ 米谷粉 95 克（冷冻）

④ 全蛋 a 35 克（冷藏）

⑤ 奶油 a 84 克（冷藏）

⑥ 盐 2 克

内馅

⑦ 柠檬汁 120 克

⑧ 全蛋 b 150 克

⑨ 蛋黄 50 克

⑩ 细砂糖 a 150 克

⑪ 奶油 b 60 克（冷藏）

⑫ 柠檬皮适量

意大利蛋白霜

⑬ 蛋白 60 克

⑭ 细砂糖 b 100 克

⑮ 水 30 克

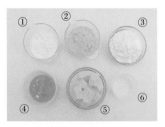

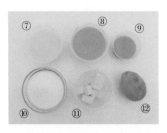

法式柠檬塔
制作视频

塔圈（6厘米）、食物调理机、燃气炉、厚底单柄锅、电动打蛋器、打蛋器、不锈钢盆、刮刀、塑胶袋、长尺、擀面棍、水果刀、烤盘、铝箔纸、刨刀器、红外线温度计、烘焙纸、笔式温度计、花嘴、裱花袋、水彩笔、喷火枪、筛网、OPP 塑胶纸、重石。

前置作业

01　预热烤箱。

02　在烤盘上铺上烘焙纸。

03　在塔圈内侧涂抹奶油，会较好脱模。

04　裱花袋尖端剪出开口，装上花嘴。

05　奶油切丁后冷藏。

06　粉类材料前一晚须放置冷冻备用。

07 在食物调理机中倒入米谷粉、杏仁粉、糖粉、盐、奶油 a 后，打至呈现粉粒状。

08 加入全蛋 a，搅拌均匀。

09 将步骤 8 材料倒入塑胶袋中，搓揉成团，直到看不到粉粒，即完成面团制作。

10 用 OPP 塑胶纸包覆住面团后，用擀面棍将面团擀平，厚度约 0.3~0.5 厘米。

    🔺 可在面团两侧放金属尺，以确定面团厚薄均匀。

11 放置冷冻库，冷冻静置约 10 分钟。

    🔺 冷冻至表面变硬即可。

12 取出冷冻后的面团，用塔圈测量面团高度，并用刀子切出长条形面团。

13 将长条形面团放入塔圈内侧，并用刀子切去过长的面团，用手将接合点压平。

14 用塔圈压出圆形面团，作为塔皮的底部，并与塔圈贴合。

15 放置冷冻库，冷冻静置约 10 分钟，定型。

16 在塔圈的面团上方放上铝箔纸后，放上重石。

    🔺 压上重石避免塔皮过度膨胀。

17 放入预热好的烤箱，以上 / 下火 180℃，烤 20 分钟。

18 出炉后，取出重石，放入烤箱中，以上 / 下火 180℃，烤至上色。

19 出炉，脱模，放凉备用。

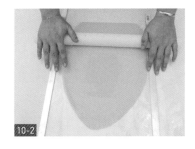

内馅制作及装填

20 将柠檬汁、细砂糖 a、全蛋 b、蛋黄倒入厚底单柄锅中，以打蛋器搅拌均匀。

🍰 一定要使用厚底锅，以免烧焦。

21 用刨刀器刨出柠檬皮，加入锅中后，煮至浓稠。

22 用筛网将步骤 21 的材料过筛后，加入奶油 b 拌匀，即完成内馅制作。

🍰 煮至 82 ~ 85℃，即可过筛。

意大利蛋白霜制作

23 同时 将水、细砂糖 b 煮至 110℃。

🍰 煮糖水时不要搅拌，会返砂。

用电动打蛋器将蛋白打成蛋白霜。

24 当糖水煮至 118℃后冲入正在搅打的蛋白霜内。

25 继续打发，待温度下降后，装入裱花袋，即完成意大利蛋白霜。

组装

26 将内馅填入塔皮并冷藏至凝固。

27 取出冷藏后的塔，并挤上蛋白霜装饰。

🍰 可撒糖粉于周围装饰。

28 用喷火枪烤出褐色造型。

29 用刨刀器刨出碎柠檬皮，装饰，即可食用。

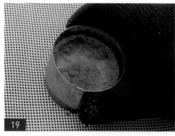

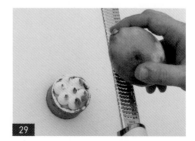

TARTS

07

-RECIPE-

海鲜咸塔

Seafood Quiche

塔皮
① 牛奶 a 60 克（冷藏）
② 盐 a 2 克
③ 米谷粉 100 克（冷冻）
④ 奶油 80 克（切 1 厘米³ 的丁冷藏）

馅料
⑤ 甜椒 1/4 颗（切丁）
⑥ 洋葱半颗（切丁）
⑦ 小干贝 10 颗
⑧ 虾 10 只
⑨ 帕玛森乳酪适量

蛋奶液
⑩ 牛奶 b 20 克
⑪ 动物性鲜奶油 200 克

⑫ 全蛋 75 克
⑬ 盐 b 4 克
⑭ 黑胡椒适量

海鲜咸塔
制作视频

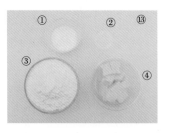

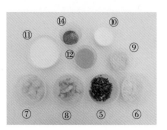

椭圆形塔模（10.5 厘米 × 6.5 厘米 × 5 厘米）、食物调理机、燃气炉、平底锅、打蛋器、不锈钢盆、刮刀、塑胶杯、塑胶袋、烘焙纸、筛网、纸巾、抹刀。

前置作业

01　预热烤箱。
02　甜椒、洋葱切丁；奶油切丁（1 厘米³）后冷藏。
03　粉类材料前一晚须放置冷冻备用。

塔皮制作

04　在食物调理机中倒入米谷粉、盐 a、奶油后，打至呈现粉粒状。
05　加入牛奶 a，搅拌均匀。
06　将步骤 5 材料倒入塑胶袋中，搓揉成团，直到看不到粉粒，即完成面团制作。
07　将面团分成五块，并用手将面团搓揉成可入模的大小。
08　入模，并顺着塔模将面团压平，即完成塔皮制作。
　　　可准备一些手粉（米谷粉）沾手，在搓揉并整形面团时，较不易粘手。
　　　可用小抹刀切除多余的面团。

> **09** 热锅，倒入些许油，将甜椒丁、洋葱丁分别炒熟，并用纸巾吸干水分。
>
> 🍰 油是配方外的材料。
>
> **10** 将虾、小干贝干煎至表面呈现金黄色后，用纸巾吸干水分。

蛋奶液制作

> **11** 将动物性鲜奶油、牛奶 b、全蛋与盐 b 拌匀。
>
> **12** 以筛网为辅助，将步骤 11 的材料过筛。
>
> 🍰 过筛是为了除去蛋液中的脐带，避免影响成品口感。
>
> **13** 加入黑胡椒，用刮刀搅拌均匀，即完成蛋奶液。

组合及烘烤

> **14** 在塔皮上放入炒熟后的甜椒丁、洋葱丁，再撒上些许帕玛森乳酪。
>
> **15** 放上炒熟后的虾、小干贝。
>
> **16** 倒入蛋奶液，并填满塔模。
>
> **17** 撒上帕玛森乳酪。
>
> **18** 放入预热好的烤箱，以上火 200℃ / 下火 190℃，烤约 22 ~ 25 分钟。
>
> 🍰 看塔皮颜色及塔的表面颜色是否有均匀的焙烤色。
>
> **19** 出炉，即可食用。
>
> 🍰 若放凉后要食用，回烤一下会更美味，上火 200℃ / 下火 200℃，烤 5 分钟。

TARTS

08
-RECIPE-

番茄布丁咸塔

Tomato Quiche

150　米烘焙技法全书

塔皮
① 盐 a 2 克
② 牛奶 a 27 克（冷藏）
③ 米谷粉 100 克（冷冻）
④ 奶油 80 克（冷藏）

蛋奶液
⑤ 盐 b 2 克
⑥ 动物性鲜奶油 25 克
⑦ 全蛋 75 克
⑧ 牛奶 b 50 克

内馅
⑨ 小番茄适量
⑩ 帕玛森乳酪丝 15 克
⑪ 热狗 85 克

⑫ 黑橄榄 6 颗
⑬ 莫札瑞拉乳酪 30 克
⑭ 罗勒少许

番茄布丁咸塔
制作视频

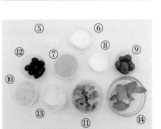

菊花塔模（9 厘米）、菊花塔模（7.5 厘米）、食物调理机、打蛋器、不锈钢盆、塑胶袋、电子秤、擀面棍、水果刀、塑胶杯、烤盘、抹刀、筛网。

前置作业

01　预热烤箱。
02　奶油切丁后冷藏。
03　将黑橄榄、小番茄、热狗切成小块。
04　粉类材料前一晚须放置冷冻备用。

塔皮制作

05　在食物调理机中倒入米谷粉、盐 a、奶油后，打至呈现粉粒状。
06　加入牛奶 a，搅拌均匀。
07　将步骤 6 材料倒入塑胶袋中，搓揉成团，直到看不到粉粒，即完成面团制作。
08　将面团分成两份，每份面团可以制作出一大一小的塔皮。
09　在桌上及面团上撒上些许手粉（米谷粉），取其中一份面团，再用擀面棍将面团擀平至比菊花塔模大。
　　　撒上手粉（米谷粉）较不易粘连。

塔皮制作

10 入模，并顺着菊花塔模，将面团贴合模具，即完成塔皮制作。

11 用擀面棍擀去多余塔皮后，放入冰箱冷冻 10 分钟，定型。

　　🍰 冷冻至表面变硬即可。

蛋奶液制作

12 将全蛋、动物性鲜奶油、牛奶 b 与盐 b 拌匀。

13 以筛网为辅助，将步骤 12 的材料过筛，即完成蛋奶液。

组合及烘烤

14 先将塔皮从冷冻取出，再将小番茄、帕玛森乳酪丝放入菊花塔模中。

15 将莫札瑞拉乳酪撕成小块后放入菊花塔模中。

16 依序放入热狗、黑橄榄。

17 倒入蛋奶液填满每个塔皮。

　　🍰 喜爱罗勒的人，可加入罗勒。

18 放上帕玛森乳酪丝后，放入预热好的烤箱，以上/下火 200℃，烤 10 分钟。

　　🍰 也可在此时放入罗勒。
　　　可依个人口味撒上适量黑胡椒。

19 出炉后，撒上罗勒，以上/下火 200℃，烤 5 分钟。

20 出炉，放凉后，脱模，即可食用。

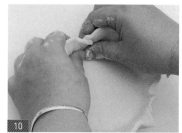

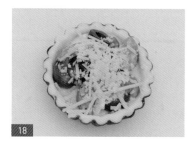

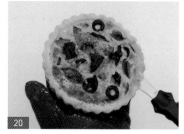

CHAPTER 07

面包

BREAD

面团制作及发酵方法

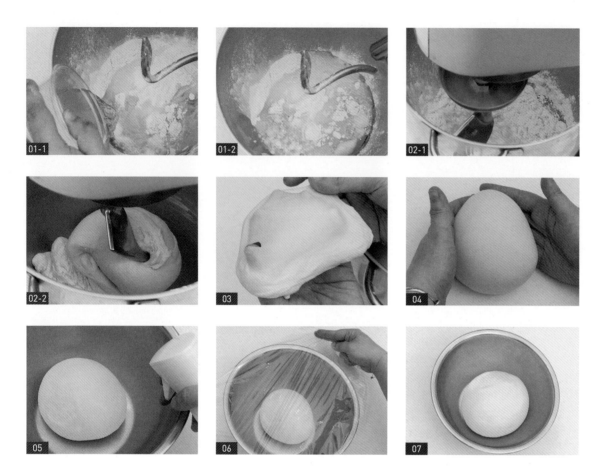

01 在桌上型搅拌器中倒入强力米谷粉、细砂糖、盐、新鲜酵母、全蛋、葡萄籽油与水。

    🍰 若使用速发酵母，分量为新鲜酵母的1/3；若听到打面团时发出"啪啪"声，就是接近完成。

02 以低速搅打2分钟后，再以中速打6分钟。

03 取一小块面团，检查面团是否可以拉出薄膜，以及是否达到想要的筋性。

    🍰 薄膜须具延展性，不会一拉就破。

04 将面团放在桌面上，并以掌心为辅助，滚成圆形。

05 将面团放入不锈钢盆后，在表面喷水。

06 将不锈钢盆覆盖上保鲜膜后，基础发酵40分钟。

    🍰 待面团变成原本1.5～2倍大即可。

07 如图，面团制作完成。

TIP 若无强力米谷粉，可直接用一般米谷粉或一般米谷粉内添加17%小麦蛋白，但面包类制品不建议使用，只使用一般米谷粉，除了成品会较矮、口感也较硬外，操作上也较不易。若还是想要用一般米谷粉，可以试着用汤种的方式制作，可使面包口感松软一些。

红酒桂圆面包

Red Wine & Dried Longan Bread

① 红酒桂圆 80 克　　⑥ 盐 4 克
② 强力米谷粉 394 克　⑦ 蜂蜜 24 克
③ 水 138 克　　　　　⑧ 红酒 118 克
④ 新鲜酵母 14 克　　　⑨ 奶油 24 克
⑤ 细砂糖 6 克　　　　⑩ 核桃 43 克

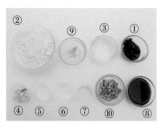

红酒桂圆面包
制作视频

桌上型搅拌器、不锈钢盆、保鲜膜、刮板、电子秤、喷雾罐、擀面棍、水果刀、烤盘、筛网。

前置作业

01 预热烤箱。

02 新鲜酵母捏碎备用。

03 红酒桂圆做法：将 40g 干桂圆倒入
40 克红酒中浸泡一晚，即完成红酒
桂圆。

🍰 桂圆前一晚一定要先泡开，才不会太硬。

面团制作

04 在桌上型搅拌器中倒入强力米谷粉、
新鲜酵母、红酒、水、盐、细砂糖、
蜂蜜后，以低速搅打 2 分钟。

🍰 若使用速发酵母，分量为新鲜酵母的 1/3。

05 加入奶油，以中速打 6 分钟。

🍰 听到打面团时发出"啪啪"声，就是接近
完成。

06 取一小块面团，检查面团是否可以拉
出薄膜，以及是否达到想要的筋性。

🍰 薄膜须具延展性，不会一拉就破。

07 加入红酒桂圆、核桃，以低速搅打。

🍰 在放入红酒桂圆前，须挤掉多余水分；易
碎的馅料不建议过早放入搅拌，以免过碎。

08 将面团放在桌面上，并以掌心为辅
助，滚成圆形。

🍰 在滚圆前，先将红酒桂圆和核桃收进面团
中间。

面团制作

09 将面团放入不锈钢盆后，在表面喷水。

10 将不锈钢盆覆盖上保鲜膜后，基础发酵 40 分钟。

🔺 待面团变成原本 1.5 ~ 2 倍大即可。

11 用食指插入发酵后面团拨出，孔洞不会缩回，若会缩回，须再放置 10 ~ 15 分钟继续发酵。

12 将面团分成每份重约 200g 的面团。

13 将 200g 的面团放在桌面上，并以掌心为辅助拍打，排出空气并滚成圆形。

14 在面团表面喷水，中间发酵 15 ~ 20 分钟。

🔺 因面团筋性较强，中间发酵步骤不可省略。

15 发酵完成后，用擀面棍将面团擀开。

16 用指腹抓住面团边缘，并边滚边往下收合，整形成椭圆形。

🔺 须仔细捏紧面团接缝处。

17 用双手滚动面团两边，整形出尖端后，最后发酵 20 ~ 30 分钟，至摇动烤盘时，面团会晃动。

🔺 若室温较冷，建议多发酵 10 分钟。

18 在面团表面撒上米谷粉。

19 用刀子划上 3 ~ 4 条割线。

🔺 注意勿划得太深。

烘烤及装饰

20 放入预热好的烤箱，以上火 210℃ / 下火 190℃，烤 15 分钟。

21 出炉，即可食用。

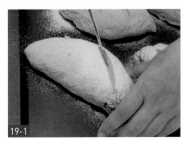

炼乳乳酪面包

Condensed Milk & Cheese Bread

工具 TOOLS

桌上型搅拌器、电动打蛋器、不锈钢盆、保鲜膜、刮刀、塑胶袋、电子秤、喷雾罐、擀面棍、烤盘、硅胶刷。

炼乳乳酪面包
制作视频

面团

① 强力米谷粉 355 克
② 米谷粉 a 118 克
③ 水 213 克
④ 新鲜酵母 28 克
⑤ 奶粉 a 28 克
⑥ 细砂糖 a 71 克
⑦ 盐 5 克
⑧ 全蛋 71 克
⑨ 奶油 a 57 克

内馅

⑩ 奶油乳酪 150 克
⑪ 细砂糖 b 30 克
⑫ 奶油 b 30 克
⑬ 炼乳 a 100 克
⑭ 奶粉 b 15 克
⑮ 米谷粉 b 5 克
⑯ 炼乳 b 90 克

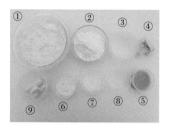

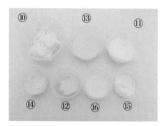

步骤说明 STEP BY STEP

前置作业

01 预热烤箱。
02 新鲜酵母捏碎备用。
03 炼乳 b 先装入裱花袋中，使用前再将裱花袋尖端剪一小洞口。

面团制作

04 在桌上型搅拌器中倒入强力米谷粉、米谷粉 a、细砂糖 a、奶粉 a、盐、新鲜酵母、全蛋、水后，以低速搅打 2 分钟。

🍰 若使用速发酵母，分量为新鲜酵母的 1/3。

05 加入奶油 a，先以低速打 2 分钟，再以中速打 4 分钟。

🍰 听到打面团时发出"啪啪"声，就是接近完成。

06 取一小块面团，检查面团是否可以拉出薄膜，以及是否达到想要的筋性。

🍰 薄膜须具延展性，不会一拉就破。

07 将面团放在桌面上，并以掌心为辅助拍打，排出空气并滚成圆形。

08 将面团放入不锈钢盆后，在表面喷水。

09 将不锈钢盆覆盖上保鲜膜后，基础发酵 40 分钟。

🍰 待面团变成原本 1.5 ~ 2 倍大即可。盖保鲜膜避免表面结皮。

10 用食指插入发酵后面团拔出，孔洞不会缩回，若会缩回，须再放置 10 ~ 15 分钟继续发酵。

11 将面团分成每份重约 150 克的面团。

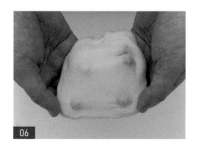

06

07

10

面团制作

12 将 150g 的面团放在桌面上，并以掌心为辅助拍打，排出空气并滚成圆形。

13 在面团表面喷水，中间发酵 10 ～ 15 分钟。

🍰 因面团筋性较强，中间发酵步骤不可省略。

14 发酵完成后，用擀面棍将面团擀开。

15 用指腹抓住面团边缘，并边滚边往下收合，整形成椭圆形。

🍰 须仔细捏紧面团接缝处。

16 用双手滚动面团两边，整形出尖端后，最后发酵 20 ～ 30 分钟，至摇动烤盘时，面团会晃动。

🍰 若室温较冷，建议多发酵 10 分钟。

内馅制作

17 将奶油乳酪、奶油 b、细砂糖 b 倒入不锈钢盆中，用电动打蛋器以低速打匀。

18 加入炼乳 a，打匀。

19 加入奶粉 b、米谷粉 b，打匀，即完成内馅。

20 将内馅装入裱花袋中，备用，使用前再剪一小洞口。

烘烤及装饰

21 在发酵好的面团上用刀子划出一条长割线。

🍰 深度约 0.5 厘米，不用太深。

22 在面团表面刷上蛋液。

🍰 蛋液为配方外材料。

23 在面包割线处挤上炼乳 b。

24 放入预热好的烤箱，以上火 200℃ / 下火 180℃，烤 8 分钟。

25 出炉，在面包割线处挤上内馅。

26 放入烤箱，以上火 200℃ / 下火 180℃，烤 12 分钟。

27 出炉，即可食用。

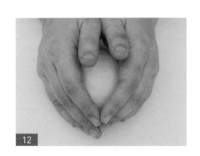
12

14

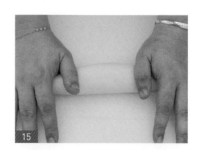
15

21

23

25

南瓜面包
Pumpkin Bread

工具 TOOLS

桌上型搅拌器、不锈钢盆、喷雾罐、保鲜膜、电子秤、刮板、烤盘、硅胶刷。

材料 INGREDIENTS

① 强力米谷粉 228 克

② 水 134 克

③ 细砂糖 23 克

④ 新鲜酵母 13 克

⑤ 橄榄油 30 克

⑥ 盐 2 克

⑦ 南瓜泥 46 克

前置作业

01 预热烤箱。

02 新鲜酵母捏碎备用。

03 在烤盘表面均匀涂抹橄榄油。

面团制作

04 在桌上型搅拌器中倒入强力米谷粉、新鲜酵母、盐、细砂糖、橄榄油与水后，以低速搅打2分钟。

🍰 若使用速发酵母，分量为新鲜酵母的1/3。

05 加入南瓜泥，先以低速打1分钟，再以中速打6分钟。

🍰 听到打面团时发出"啪啪"声，就是接近完成。

06 取一小块面团，检查面团是否可以拉出薄膜，以及是否达到想要的筋性。

🍰 薄膜须具延展性，不会一拉就破。

07 将面团放在桌面上，并用掌心为辅助，滚成圆形。

08 将面团放入不锈钢盆后，在表面喷水。

09 将不锈钢盆覆盖上保鲜膜后，基础发酵40分钟。

🍰 待面团变成原本的1.5～2倍大即可。

10 用食指插入发酵后面团，并观察孔洞是否缩回，若会缩回，须再放置10～15分钟继续发酵。

11 将面团分成九等份。

12 将面团放在桌面上，并以掌心为辅助拍打，排出空气并滚成圆形。

13 将圆形面团放入烤盘，在面团表面喷水，最后发酵20～30分钟。

🍰 若室温较冷，建议多发酵10分钟；因面团筋性较强。

烘烤及装饰

14 放入预热好的烤箱，以上火180℃／下火200℃，烤15分钟。

15 出炉，即可食用。

06

08

09

10

13-1

13-2

BREAD

04

-RECIPE-

黑糖地瓜核桃面包

Brown Sugar & Sweet Potato Bread

面团

① 强力米谷粉 227g

② 细砂糖 10g

③ 牛奶 103g

④ 动物性鲜奶油 31g

⑤ 酸奶 21g

⑥ 盐 3g

⑦ 新鲜酵母 13g

⑧ 黑糖 21g

⑨ 奶油 21g

⑩ 核桃 72g

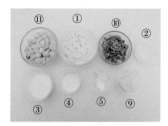

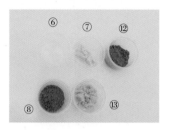

黑糖地瓜核桃面包
制作视频

黑糖地瓜

⑪ 地瓜 100g（切丁）

⑫ 黑糖 6g

⑬ 赤砂糖 10g

工具 TOOLS

桌上型搅拌器、不锈钢盆、刮刀、喷雾罐、保鲜膜、电子秤、刮板、烤盘、蒸炉。

步骤说明 STEP BY STEP

前置作业

01 预热烤箱。

02 新鲜酵母捏碎备用。

03 将地瓜、黑糖与赤砂糖混合后，以蒸炉蒸 25 分钟，即完成黑糖地瓜，取 41 克，放凉备用。

　　🍰 若没有蒸炉，也可以大火隔水蒸 25 分钟。

面团制作

04 在桌上型搅拌器中倒入强力米谷粉、细砂糖、盐、黑糖、新鲜酵母、动物性鲜奶油、牛奶
　　与酸奶，以低速搅打 2 分钟。

　　🍰 若使用速发酵母，分量为新鲜酵母的 1/3。

05 加入奶油，先以低速打 2 分钟，再以中速打 4 分钟。

　　🍰 听到打面团时发出"啪啪"声，就是接近完成。

06 取一小块面团，检查面团是否可以拉出薄膜，以及是否达到想要的筋性。

  🍰 薄膜须具延展性，不会一拉就破。

07 加入核桃，以低速拌匀。

  🍰 若太早放入核桃，会搅拌得太碎。

08 将面团放在桌面上，并以掌心为辅助拍打，排出空气并滚成圆形。

09 将面团放入不锈钢盆后，在表面喷水。

10 将不锈钢盆覆盖上保鲜膜后，基础发酵 40 分钟。

  🍰 待面团变成原本的 1.5 ～ 2 倍大即可。

11 用食指插入发酵后面团拔出，孔洞不会缩回，若会缩回，须再放置 10 ～ 15 分钟继续发酵。

12 将面团分成每份重约 100 克的面团。

13 将 100 克的面团放在桌面上，并以掌心为辅助，滚成圆形。

14 在面团表面喷水，中间发酵 5 ～ 10 分钟。

  🍰 因面团筋性较强，中间发酵步骤不可省略。

15 在面团内包入黑糖地瓜。

  🍰 面团底部收口须收紧，以免爆馅。

16 用掌心整形搓圆后，在面团表面喷水，最后发酵 20 ～ 25 分钟，至摇动烤盘时，面团会晃动。

  🍰 若室温较冷，建议多发酵 10 分钟。

烘烤及装饰

17 放入预热好的烤箱，以上火 200℃ / 下火 190℃，烤 12 分钟。

18 出炉，即可食用。

辫子面包

Braided Bread

① 水 154 克
② 强力米谷粉 308 克
③ 全蛋 25 克
④ 新鲜酵母 14 克

⑤ 盐 5 克
⑥ 细砂糖 25 克
⑦ 葡萄籽油 25 克

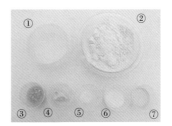

辫子面包
制作视频

工具 TOOLS

桌上型搅拌器、不锈钢盆、喷雾罐、保鲜膜、电子秤、刮板、擀面棍、硅胶刷、烤盘。

步骤说明 STEP BY STEP

前置作业

01 预热烤箱。
02 新鲜酵母捏碎备用。

面团制作

03 在桌上型搅拌器中倒入将强力米谷粉、细砂糖、盐、全蛋、水、新鲜酵母、葡萄籽油，以低速搅打 2 分钟后，再以中速打 6 分钟。
   🍰 若使用速发酵母，分量为新鲜酵母的 1/3；若听到打面团时发出 "啪啪" 声，就是接近完成。

04 取一小块面团，检查面团是否可以拉出薄膜，以及是否达到想要的筋性。
   🍰 薄膜须具延展性，不会一拉就破。

05 将面团放在桌面上，并以掌心为辅助拍打，排出空气并滚成圆形。
06 将面团放入不锈钢盆后，在表面喷水。
07 将不锈钢盆覆盖上保鲜膜后，基础发酵 30 ~ 40 分钟。
   🍰 待面团变成原本的 1.5 ~ 2 倍大即可。

面团制作

08 用食指插入发酵后面团拔出，孔洞不会缩回，若会缩回，须再放置 10~15 分钟继续发酵。

09 将面团分成每份重约 50 克的面团。

10 将 50 克的面团放在桌面上，并以掌心为辅助拍打，排出空气并滚成圆形。

11 在面团表面喷水，中间发酵 10 分钟。

🍰 若室温较冷，建议发酵 15 分钟；因面团筋性较强，中间发酵步骤不可省略。

12 用擀面棍将面团擀压成椭圆形，松弛 5 分钟。

13 将面团进行第二次（左）擀长，长度须比第一次（右）长。

14 用指腹抓住面团边缘，并边滚边往下收合，整形成椭圆形，松弛 5 分钟。

15 将椭圆形面团搓成长形面团，松弛 5 分钟。

16 将长形面团搓成长条形面团。

17 将五条长条形面团一端捏合后，开始编织辫子状。

🍰 编辫子面包方法可参考 P.23。

18 将辫子状面团置于烤盘上后，在表面喷水，静置 20 ~ 30 分钟进行发酵，再于表面均匀涂抹蛋液。

🍰 蛋液为配方外的材料。

烘烤及装饰

19 放入预热好的烤箱，以上火 180℃ / 下火 160℃，烤 20 分钟。

20 出炉，即可食用。

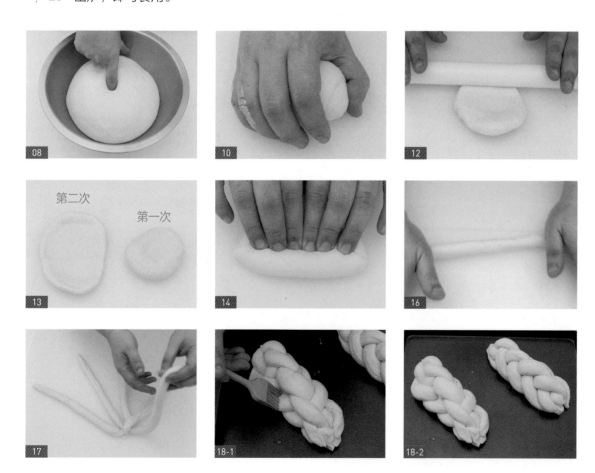

CHAPTER 08

点心

DESSERT

果酱小西饼

Jam Cookie

工具 TOOLS

燃气炉、厚底单柄锅、
电动打蛋器、不锈钢
盆、刮刀、#21 花嘴、
裱花袋、剪刀、烤盘、
刮板。

材料 INGREDIENTS

面糊
①奶油 70 克（软化）
②糖粉 39 克
③全蛋 30 克（常温）
④米谷粉 88 克

草莓果酱
⑤草莓 200 克
⑥赤砂糖 80 克

前置作业

01　预热烤箱。

02　将花嘴放入裱花袋中备用。

03　将米谷粉过筛；奶油预先回温软化。

草莓果酱制作

04　将草莓与赤砂糖倒入厚底单柄锅中。

05　用刮刀拌匀，煮至水分收干，放凉备
　　用，即完成草莓果酱。

面糊制作

06　将奶油与糖粉倒入不锈钢盆中，取电
　　动打电器以高速打发至变白。

🍰　奶油打发做法可参考 P.76。
　　不要打太发，成品的纹路才会明显。

07　加入全蛋，取电动打电器以高速打匀。

🍰　蛋液要分次倒入，与奶油充分融合再倒下
　　一次。

08　加入已过筛的米谷粉，取电动打电器
　　以高速打匀，即完成面糊制作。

烘烤及装饰

09　以刮刀为辅助，将面糊放入裱花袋中。

10　以刮板为辅助，将面糊推至裱花袋
　　前端。

11　将面糊挤入烤盘中。

🍰　建议中间有凹槽，以利于果酱放入。

12　放入预热好的烤箱，以上火 220℃ /
　　下火 180℃，先烤约 8 分钟。

13　以刮刀为辅助，将草莓果酱倒入裱花
　　袋中，并用剪刀剪一小洞口。

14　将烤盘取出。

15　将草莓果酱挤在饼干中间凹槽处。

16　再放入烤箱烤 2 分钟。

17　出炉后，放凉，即可食用。

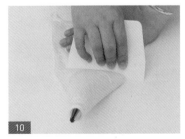

蔓越莓小西饼

Cranberry Cookie

刮板、烘焙纸、长尺、烘焙布、烤盘、刀子、筛网。

蔓越莓小西饼
制作视频

面团

① 米谷粉 94 克　　④ 全蛋 19 克
② 杏仁粉 11 克　　⑤ 赤砂糖 42 克
③ 奶粉 9 克　　　　⑥ 奶油 57 克（软化）

酒渍蔓越莓干

⑦ 蔓越莓干 30 克
⑧ 朗姆酒 5 克

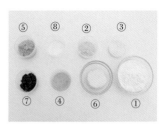

步骤说明 STEP BY STEP

前置作业

01　预热烤箱。
02　在烤盘上放入烘焙布。
03　奶油预先回温软化。
04　将朗姆酒与蔓越莓干混合后，浸泡至少 30 分钟，即完成酒渍蔓越梅干。

面团制作

05　将米谷粉、杏仁粉与奶粉过筛后，在工作台面上筑粉墙。
06　在粉墙中间倒入全蛋、赤砂糖与奶油。
07　用刮板拌和成团。
08　加入酒渍蔓越莓干，用刮板拌和成团，即完成面团制作。

烘烤

09　在桌上及面团上撒上些许手粉（米谷粉），用手将面团整形，呈条状，长度约至 22 厘米。
　　　撒上手粉（米谷粉），较不易粘连。面团整形前，可先摔打面团，以排出多余空气。

10　以烘焙纸包覆面团。
　　　包覆面团时，可以长尺辅助。

11　放入冰箱，冷冻定型，约 30 分钟。
12　待面团变硬后，取出，用刀子切出每片约 1~1.5 厘米厚度的面团。
13　将切片的面团放置在烤盘上。
14　放入预热好的烤箱，以上火 190℃ / 下火 170℃，烤约 18 分钟。
15　取出后，放凉，即可食用。

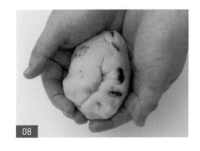

DESSERT
03
-RECIPE-

咖啡核桃饼干
Coffee & Walnut Cookie

工具 TOOLS

刮板、保鲜膜、长尺、
烘焙布、烤盘、刀子、
筛网。

材料 INGREDIENTS

① 糖粉 37 克
② 即溶咖啡粉 5 克
③ 米谷粉 93 克
④ 杏仁粉 21 克
⑤ 奶粉 6 克

⑥ 盐 1 克
⑦ 全蛋 33 克
⑧ 奶油 70 克（软化）
⑨ 核桃 25 克

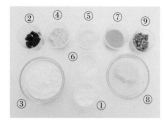

步骤说明 STEP BY STEP

前置作业

01 预热烤箱。

02 在烤盘上放入烘焙布。

03 奶油预先回温软化。

面团制作

04 将米谷粉、糖粉、即溶咖啡粉、奶粉与杏仁粉过筛后，在工作台面上筑粉墙。

05 在粉墙中间倒入盐、全蛋与奶油，以刮板拌和成团。

06 加入核桃，用刮板拌和成团，即完成面团制作。

烘烤

07 在工作台面上及面团上撒上些许手粉（米谷粉），以刮板为辅助，用手将面团整形，呈条状。

🍰 撒上手粉（米谷粉），较不易粘连。

08 以保鲜膜包覆面团。

09 放入冰箱，冷冻定型，约 30 ~ 60 分钟。

10 待面团变硬后，取出，用刀子切出每片约 1~1.5 厘米厚度的面团。

11 将切片的面团放置在烤盘上。

12 放入预热好的烤箱，以上火 190℃ / 下火 170℃，烤约 18 分钟。

13 取出后，放凉，即可食用。

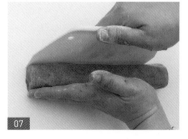

芝麻脆饼

Sesame Cookie

工具 TOOLS

刮板、烘焙纸、长尺、
烘焙布、烤盘、刀子、
筛网。

材料 INGREDIENTS

① 米谷粉 89 克

② 杏仁粉 18 克

③ 赤砂糖 20 克

④ 黑糖 16 克

⑤ 全蛋 31 克

⑥ 奶油 67 克（软化）

⑦ 黑芝麻 16 克

⑧ 白芝麻 16 克

芝麻脆饼
制作视频

前置作业

01　预热烤箱。

02　在烤盘上放入烘焙布。

03　奶油预先回温软化。

04　将黑芝麻、白芝麻混合。

面团制作

05　将米谷粉与杏仁粉过筛后，在工作台面上筑粉墙。

06　在粉墙中间倒入赤砂糖、黑糖、全蛋与奶油。

07　用刮板拌和成团。

08　加入黑芝麻、白芝麻，用刮板拌和成团，即完成面团制作。

烘烤

09　在工作台面上及面团上撒上些许手粉（米谷粉），用手将面团整形，呈条状，长度约至 20 厘米。

　　撒上手粉（米谷粉），较不易粘连。

10　以烘焙纸包覆面团。

　　包覆面团时，可以长尺辅助。

11　放入冰箱，冷冻定型，约 30 ～ 60分钟。

12　待面团变硬后，取出，用刀子切出每片约 1~1.5 厘米厚度的面团。

13　将切片的面团放置在烤盘上。

14　放入预热好的烤箱，以上火 190℃ /下火 170℃，烤约 19 分钟。

15　取出后，放凉，即可食用。

08

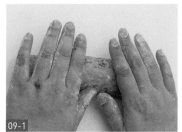

09-1

09-2

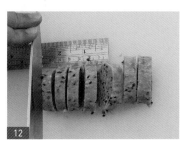

12

13

15

巧克力螺旋饼

Spiral-chocolate Cookie

原味面团

① 糖粉 47 克

② 米谷粉 a 94 克

③ 杏仁粉 a 19 克

④ 奶粉 5 克

⑤ 奶油 a 66 克（软化）

⑥ 全蛋 a 33 克

巧克力面团

⑦ 米谷粉 b 97 克

⑧ 杏仁粉 b 19 克

⑨ 可可粉 5 克

⑩ 细砂糖 39 克

⑪ 奶油 b 68 克（软化）

⑫ 全蛋 b 34 克

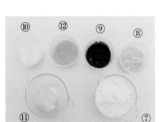

巧克力螺旋饼
制作视频

工具 TOOLS

刮板、擀面棍、长尺、烘焙布、烤盘、刀子、筛网。

步骤说明 STEP BY STEP

前置作业

01 预热烤箱。

02 在烤盘上放入烘焙布。

03 奶油预先回温软化。

原味面团制作

04 将糖粉、米谷粉 a、杏仁粉 a 与奶粉过筛后，在工作台面上筑粉墙。

05 在粉墙中间倒入全蛋 a 与奶油 a。

06 用刮板拌和成团。

07 将面团放入烘焙布中，并用擀面棍将面团擀平，即完成原味面团。

　　🍰 面团厚度约 0.5 厘米。

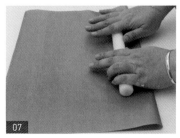

巧克力面团制作

08 将米谷粉 b、杏仁粉 b 与可可粉过筛后，在工作台面上筑粉墙。

09 在粉墙中间倒入细砂糖、全蛋 b 与奶油 b。

10 用刮板拌和成团。

11 将面团放入烘焙布中，并用擀面棍将面团擀平，即完成巧克力面团。

🍰 面团厚度约 0.5 厘米，且大小要和原味面团差不多。

组合及烘烤

12 将巧克力面团与原味面团上下重叠摆放，为饼干主体。

13 以烘焙布为辅助，将饼干主体卷起，呈条状。

14 放入冰箱，冷冻定型，约 30~60 分钟。

15 待饼干主体变硬后，取出，用刀子切出每片约 1~1.5 厘米厚度的面团。

16 将切片的饼干面团放置在烤盘上。

17 放入预热好的烤箱，以上火 190℃ / 下火 170℃，烤约 18 分钟。

18 取出后，放凉，即可食用。

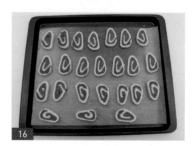

DESSERT
06
-RECIPE-
香蕉巧克力玛芬
Banana & Chocolate Muffins

面糊

① 奶油 a 100 克（软化）

② 赤砂糖 82 克

③ 全蛋 65 克（常温）

④ 蛋黄 17 克（常温）

⑤ 米谷粉 a 100 克

⑥ 泡打粉 6 克

⑦ 杏仁粉 a 20 克

⑧ 动物性鲜奶油 a 20 克

甘纳许

⑨ 动物性鲜奶油 b 30 克

⑩ 黑巧克力 30 克

酥菠萝

⑪ 奶油 b 35 克（软化）

⑫ 米谷粉 b 35 克

⑬ 杏仁粉 b 30 克

⑭ 细砂糖 35 克

⑮ 可可粉 8 克

内馅

⑯ 香蕉 1 根

香蕉巧克力玛芬
制作视频

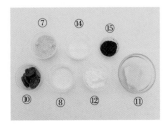

玛芬烤盘、打蛋器、不锈钢盆、刮刀、水果刀、裱花袋、剪刀、油力士蛋糕纸、汤匙、铁盘、筛网、微波炉。

前置作业

01　预热烤箱。

02　过筛米谷粉 a、泡打粉与杏仁粉 a。

03　奶油预先回温软化。

04　在玛芬烤盘上放入油力士蛋糕纸。

甘纳许制作

05　将黑巧克力与动物性鲜奶油 b 混合。

06　以微波炉加热约 20～30 秒，用刮刀拌匀，放凉备用，即完成甘纳许。

　　🍰 若巧克力仍是固体的状态，可再次加热，直至巧克力融化，但不可过度加热，用免巧克力烧焦，或造成油水分离。

酥菠萝制作

07　将奶油 b、细砂糖、杏仁粉 b、米谷粉 b 与可可粉倒入不锈钢盆中。

08　用手拌匀，直到呈沙粒状，即完成酥菠萝。

面糊制作

09 将奶油 a 与赤砂糖倒入不锈钢盆中，以打蛋器拌匀，拌到乳霜状即可，不要过度打发。

🍰 可以刮刀将打蛋器中的奶油刮下。

10 先将全蛋和蛋黄混合在同一碗中，并将米谷粉 a、泡打粉和杏仁粉 a 混合在另一碗中。

11 以蛋液、粉类交替的顺序分次倒入不锈钢盆中，拌匀。

🍰 须预留少许粉类不倒入。

12 在不锈钢盆中加入动物性鲜奶油 a，拌匀。

13 倒入步骤 10 预留的少许粉类，拌匀，即完成面糊制作。

组合及烘烤

14 将香蕉剥皮并切成 6 等份。

15 以刮刀为辅助，将面糊倒入裱花袋中，并用剪刀在尖端剪一小洞口。

16 将面糊挤入玛芬烤盘中。

17 将香蕉块铺在面糊上方。

18 以汤匙将甘纳许铺在香蕉块上方。

19 在甘纳许上方铺上酥菠萝。

20 放入预热好的烤箱，以上火 170℃ / 下火 180℃，烤约 22~25 分钟。

🍰 可插入竹签判断是否烤熟，若面糊无粘连即可。

21 放凉后，脱模，即可食用。

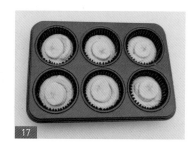

培根黑橄榄玛芬

Bacon & Olive Muffins

材料 INGREDIENTS

面糊

① 全蛋 120 克

② 葡萄籽油 70 克

③ 牛奶 105 克

④ 盐 3 克

⑤ 细砂糖 20 克

⑥ 泡打粉 8 克

⑦ 培根 2 条（切碎）

⑧ 帕玛森乳酪丝 40 克

⑨ 洋葱半颗（切片）

⑩ 米谷粉 200 克

装饰

⑪ 墨西哥辣椒少许

⑫ 黑橄榄 12 ~ 14 个（切 1/3 块）

培根黑橄榄玛芬
制作视频

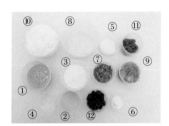

工具 TOOLS

玛芬烤盘、不锈钢盆、打蛋器、裱花袋、剪刀、油力士蛋糕纸、刮刀、竹签。

步骤说明 STEP BY STEP

前置作业

01 预热烤箱。

02 在烤盘上放入油力士蛋糕纸。

03 将米谷粉与泡打粉过筛。

04 分别预先将洋葱片炒熟，培根碎粒炒香。

面糊制作

05 将全蛋、葡萄籽油、牛奶、盐、细砂糖、泡打粉与米谷粉倒入不锈钢盆中，以打蛋器拌匀。

🍰 须搅拌至颗粒不见。

06 加入帕玛森乳酪丝，拌匀。

07 加入培根碎粒，拌匀。

08 加入洋葱片拌匀，即完成面糊制作。

组合及烘烤

09　以刮刀为辅助，将面糊倒入裱花袋中，并用剪刀在尖端剪一小洞口。

10　将面糊挤入玛芬烤盘中。

11　将墨西哥辣椒铺在面糊上方。

12　将黑橄榄铺在面糊上方。

13　放入预热好的烤箱，以上火 190℃ / 下火 190℃，烤约 22 ～ 25 分钟。

🍰 可插入竹签判断是否烤熟，若面糊无粘连即可。

14　放凉后，脱模，即可食用。

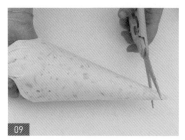

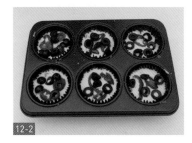

DESSERT

08

-RECIPE-

奶酥苹果肉桂玛芬

Cinnamon & Apple Muffins

面糊
① 奶油 a 75 克（软化）
② 赤砂糖 a 50 克
③ 盐 1 克
④ 全蛋 62 克（常温）
⑤ 蛋黄 12 克（常温）
⑥ 米谷粉 a 100 克
⑦ 杏仁粉 a 20 克
⑧ 泡打粉 8 克
⑨ 白兰地 a 10 克

苹果酱
⑩ 苹果 2 颗（切丁）
⑪ 奶油 b 50 克（软化）
⑫ 细砂糖 60 克
⑬ 蜂蜜 5 克
⑭ 白兰地 b 10 克

酥菠萝
⑮ 奶油 c 35 克（软化）
⑯ 赤砂糖 b 20 克
⑰ 杏仁粉 b 20 克
⑱ 米谷粉 b 35 克
⑲ 肉桂粉 1~2 克

奶酥苹果肉桂玛芬
制作视频

玛芬烤盘、燃气炉、厚底单柄锅、电动打蛋器、不锈钢盆、刮刀、油力士蛋糕纸、铁盘、裱花袋、剪刀、汤匙、筛网、竹签。

前置作业

01 预热烤箱。
02 将泡打粉、杏仁粉 a 与米谷粉 a 过筛。
03 将苹果切丁备用。
04 在玛芬烤盘上放入油力士蛋糕纸。
05 奶油放至软化，如图上按压程度。

苹果酱制作

06 将苹果、细砂糖、奶油 b 与蜂蜜倒入厚底单柄锅。
07 用刮刀将苹果翻炒熟至透明状。
🍰 要持续搅拌，以免烧焦。
08 倒入白兰地 b，拌匀后，即完成苹果酱，放凉，备用。

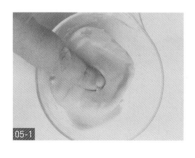
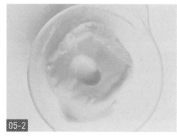

05-1 05-2 08

09 将奶油 c、赤砂糖 b、杏仁粉 b、米谷粉 b 与肉桂粉倒入不锈钢盆中。

10 用手拌匀,直到呈沙粒状,即完成酥菠萝。

面糊制作

11 将奶油 a、盐与赤砂糖 a 倒入不锈钢盆,取电动打蛋器以低速打匀。

🍰 可以打蛋器取代电动打蛋器。

12 加入蛋黄、全蛋,取电动打蛋器以低速打匀。

13 加入杏仁粉 a、米谷粉 a 与泡打粉,取电动打蛋器以低速打匀。

14 加入白兰地 a,取电动打蛋器以低速打匀,即完成面糊制作。

🍰 均以低速打匀,不用打发。

15 以刮刀为辅助,将面糊倒入裱花袋中,并用剪刀在尖端剪一小洞口。

16 将面糊挤入玛芬烤盘中。

17 用汤匙将苹果酱铺在面糊上方。

18 在苹果酱上方铺上酥菠萝。

19 放入预热好的烤箱,以上火 200℃ / 下火 190℃,烤约 22 ~ 25 分钟。

🍰 可插入竹签判断是否烤熟,若面糊无粘连即可。

20 放凉后,脱模,即可食用。

洋葱墨鱼乳酪玛芬

Onion & Cuttlefish-juice Muffins

材料 INGREDIENTS

面糊

① 全蛋 160g

② 葡萄籽油 60g

③ 盐 3g

④ 细砂糖 35g

⑤ 泡打粉 10g

⑥ 牛奶 80g

⑦ 米谷粉 200g

⑧ 墨鱼汁 8g

⑨ 高熔点乳酪丁 130g

装饰

⑩ 洋葱半颗（切片）

⑪ 比萨乳酪丝适量

洋葱墨鱼乳酪玛芬
制作视频

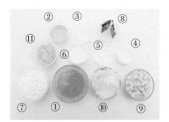

工具 TOOLS

玛芬烤盘、燃气炉、平底锅、打蛋器、不锈钢盆、刮刀、玻璃碗、裱花袋、剪刀、油力士蛋糕纸、竹签。

步骤说明 STEP BY STEP

前置作业

01 预热烤箱。

02 在烤盘上放入油力士蛋糕纸。

03 用刮刀将洋葱片炒熟至浅咖啡色备用。

🍰 可加入些许油、盐提味，此调味的油、盐为配方外的材料。

面糊制作

04 将全蛋、葡萄籽油倒入不锈钢盆中，用打蛋器拌匀。

05 加入盐、细砂糖拌匀。

06 加入泡打粉、牛奶拌匀。

07 加入米谷粉拌匀。

🍰 须搅拌至颗粒不见。

08 加入墨鱼汁拌匀。

09 加入高熔点乳酪丁拌匀，即完成面糊制作。

10 以刮刀为辅助，将面糊倒入裱花袋中，并用剪刀在尖端剪一小洞口。

　　🔺 开口大小要以能够挤得出乳酪丁为准。

11 将面糊挤入玛芬烤盘中。

12 将洋葱片铺在面糊上方。

13 在洋葱片上方铺上比萨乳酪丝。

14 放入预热好的烤箱，以上火 170℃ / 下火 180℃，烤约 22~25 分钟。

　　🔺 可插入竹签判断是否烤熟，若面糊无粘连即可。

15 放凉后，脱模，即可食用。

10

抹茶蔓越莓松饼

Matcha & Cranberry Waffle

工具 TOOLS

不锈钢盆、刮刀、红外线温度计、汤匙、松饼机、筛网。

抹茶蔓越莓松饼
制作视频

① 牛奶 50 克

② 新鲜酵母 6 克

③ 奶油 40 克（软化）

④ 蛋黄 10 克

⑤ 细砂糖 20 克

⑥ 盐 1 克

⑦ 米谷粉 40 克

⑧ 强力米谷粉 46 克（若无强力米谷粉，可直接用一般米谷粉或一般米谷粉内添加 17% 小麦蛋白。）

⑨ 抹茶粉 4 克

⑩ 蔓越莓干 30 克

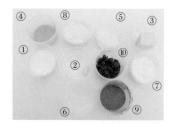

前置作业

01 预热松饼机。

02 将米谷粉、强力米谷粉和抹茶粉过筛。

03 新鲜酵母捏碎备用。

面糊制作

04 将牛奶加热至 35℃，倒入新鲜酵母中，并以汤匙拌匀，备用。

🍰 若使用速发酵母，分量为新鲜酵母的 1/3。
约 5 ~ 10 分钟，待酵母活化。

05 将奶油、盐与细砂糖倒入不锈钢盆中，用刮刀拌匀。

06 加入蛋黄，拌匀。

07 加入米谷粉与强力米谷粉，拌匀。

08 将抹茶粉过筛后，加入钢盆中，拌匀。

09 加入混合后的牛奶、新鲜酵母，拌匀。

10 加入蔓越莓干，拌匀，即完成面糊制作。

🍰 静置 5 分钟再烤。

烘烤

11 将面糊放入松饼机中烘烤。

🍰 将面糊分成每个重约 40 克的面糊。

12 取出后，放凉，即可食用。

05

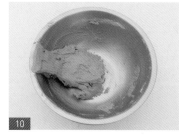

10

12

DESSERT

11

-RECIPE-

巧克力蓝莓小松饼

Chocolate & Blueberry Waffle

工具 TOOLS

不锈钢盆、刮刀、松饼机、筛网、红外线温度计。

巧克力蓝莓小松饼
制作视频

① 牛奶 30 克 　　④ 盐 1 克 　　　⑦ 米谷粉 80 克

② 新鲜酵母 6 克 　⑤ 细砂糖 20 克 　⑧ 可可粉 8 克

③ 奶油 40 克（软化）　⑥ 全蛋 25 克 　⑨ 蓝莓干 30 克

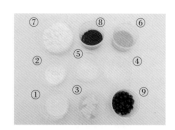

步骤说明 STEP BY STEP

前置作业

01　预热松饼机。

02　将米谷粉与可可粉过筛。

03　新鲜酵母捏碎备用。

面糊制作

04　将牛奶加热至 35℃，倒入新鲜酵母
　　中，备用。

🍰　若使用速发酵母，分量为新鲜酵母的
　　1/3。
　　约 5 ~ 10 分钟，待酵母活化。

05　将奶油、盐与细砂糖倒入不锈钢盆
　　中，用刮刀拌匀。

06　加入全蛋，拌匀。

07　加入米谷粉、可可粉，拌匀。

08　加入混合后的牛奶、新鲜酵母，拌匀。

09　加入蓝莓干，拌匀，即完成面糊制作。

🍰　静置 5 分钟再烤。

烘烤

10　将面糊放入松饼机中烘烤。

🍰　将面糊分成每个重约 40 克的面糊。

11　取出后，放凉，即可食用。